AF355650

FABRICATION ACTUELLE

DU

SUCRE AUX COLONIES.

Imprimerie de Guiraudet et Jouaust,
rue Saint-Honoré, 315.

DE LA

FABRICATION DU SUCRE

Aux Colonies françaises

ET

DES AMÉLIORATIONS A Y APPORTER,

PAR

Le marquis de Ste-CROIX,

PROPRIÉTAIRE A LA MARTINIQUE.

PARIS,

LIBRAIRIE SCIENTIFIQUE-INDUSTRIELLE
DE L. MATHIAS (Augustin),
QUAI MALAQUAIS, 15.

1843

AVANT-PROPOS.

Le but de cet ouvrage est de pouvoir donner anx propriétaires des Colonies des idées précises sur les défauts de leurs machines et de leur fabrication. Je ne suis entré dans aucun calcul, renvoyant à cet égard les personnes qui voudront s'en donner la peine et pourront s'en occuper aux excellents ouvrages qui ont traité de ces matières. L'on pourra d'abord me reprocher de n'avoir fait qu'indiquer où l'on pouvait puiser les renseignements sans les donner moi-même, ce qui eût été facile ; mais j'ai désiré que ce travail eût tout le poids des noms connus et célèbres sur lesquels je m'appuyais ; j'ai voulu que chacun pût bien se convaincre de ces vérités, qui ne pouvaient être ici que sommairement relatées , et enfin j'ai voulu rendre hommage à ceux qui m'en avaient donné les principes. D'autres peut-être me reprocheront d'avoir insisté sur quelques principes qui ne peuvent être que du ressort de gens spéciaux ; mais il me fallait, il me semble, pouver que les opinions que j'émettais étaient basées sur des faits constants et raisonnés, que j'avais étudiés et que je croyais écrire dans l'intérêt général.

Si l'on considère avec soin d'abord la manière dont l'industrie sucrière a été introduite dans les Colonies, puis comment elle s'est transmise jusqu'à nos jours, tout en admirant, pour leur époque, les connaissances de ceux qui l'ont établie, on ne s'étonnera pas de la marche décroissante qu'elle a suivie.

Ne devons-nous pas aux Européens qui ont émigré dans nos îles l'établissement des premières usines à sucre? Ces hommes, poussés par la nécessité, secondés par l'expérience que le séjour d'Europe leur avait donnée, par la fertilité d'un sol vierge et le monopole d'une fabrication nouvelle, cherchèrent les moyens de réussir : ils y parvinrent même au delà de leurs espérances ; mais depuis eux les propriétaires, devenus assez riches pour ne plus avoir besoin de s'occuper eux-mêmes de la fabrication, puis pour quitter la Colonie, la laissèrent dans les mains des géreurs; ceux-ci l'abandonnèrent aux nègres, et dès lors ces nègres eurent le talent de se faire considérer comme les seuls capables de transmettre les traditions des premiers raffineurs. Ils y réussirent si bien, que même encore actuellement on voit peu de créoles oser s'initier aux mystères prétendus de cette fabrication, craignant de mécontenter leurs raffineurs et que les produits en sucre n'en souffrent sans qu'ils puissent en connaître la cause pour y remédier. Tous les éléments de succès que je viens d'énumérer ont disparu, et la fabrication actuelle est restée avec ses inconvénients.

La fabrication de sucre, quoique bien comprise d'abord pour l'époque, puis transmise ensuite seulement par routine, et découragée par la surtaxe des belles qualités, n'a pu qu'aller en décroissant à mesure qu'on s'éloignait des premiers fabricants. On a traité comme une chose de mémoire ce qui était une science exacte, ce qui avait des principes fixes ; ce qui varie si souvent dans ses applications, suivant les localités, les saisons et les engrais ; ce qui avait besoin de modifications constantes à cause de l'épuisement des terres : il n'y avait que le concours de la science et de l'observation des faits qui pouvait conduire au progrès. Pourquoi vouloir persister à suivre cette routine ? pourquoi ce respect mal raisonné pour les traditions de nos pères, lorsque je crois avoir déjà prouvé que ces traditions n'avaient pu arriver intactes jusqu'à nous ; lorsque ensuite nous admirons en eux d'avoir trouvé des moyens nouveaux pour leur époque, tandis que nous refusons même d'avancer avec la nôtre ? Toutes les sciences soumises à l'expérience et au raisonnement doivent être augmentées par ces deux moyens. La mission d'un siècle est de transmettre à celui qu'il précède des connaissances plus accomplies que celles qu'il a reçues. Notre industrie est restée stationnaire, je dis même en décroissance, depuis deux siècles ; mais une industrie similaire, profitant de tout ce qui était à sa disposition, a fait depuis trente ans de rapides progrès. Si donc, sans chercher dans la science des principes de perfectionnement, nous ne faisons que nous approprier ceux que nous avons vu réussir, nous devons parvenir à une amélioration considérable. Ce ne sera pas, je le crois, un ultimatum ; mais ce sera un degré vers un autre perfectionnement que nous laisserons à l'avenir.

Je regarde donc comme fausses et nuisibles toutes les idées qui cherchent à prouver que notre mode barbare de fabrication est une perfection de travail, car elles s'opposent à un système de recherches toujours utiles et toujours nécessaires.

Ce que je dis pour la fabrication du sucre est applicable à la construction des usines, à leur disposition et aux moteurs.

Je désire donc voir prendre à notre industrie une marche qui la sorte d'une ornière si profondément creusée, et elle n'y réussira qu'en changeant son mode d'exploitation; qu'en chargeant des gens spéciaux et instruits du montage de leurs appareils, de la conduite de leur fabrication. Il faut des connaissances étrangères aux gens du monde et tout à fait nécessaires et spéciales à cette industrie.

Les succès de la fabrication du sucre de betterave en Europe prouvent combien la science unie à la pratique peut faire de rapides *progrès*. Que de travaux et d'efforts n'a-t-il pas fallu pour arriver à un résultat aussi complet! Profitons donc des peines de nos rivaux, usons de leurs moyens en songeant qu'en traitant une matière plus riche et moins composée que la leur, nous arriverons à des résultats encore plus avantageux.

Ce travail était terminé avant la seconde édition de la brochure intitulée *Question coloniale*, que fit paraître M. P. Daubrée. Un accident fort grave m'avait empêché de le faire publier plus tôt, et j'ai eu depuis connaissance de cette brochure. Quoiqu'en définitive nos idées aient de grands rapports, je crois qu'elles sont exprimées sous un point de vue assez différent pour être reproduites. J'ai donc effacé tout ce qui a rapport à l'application industrielle : je n'aurais fait que le répéter à peu près, et n'ai pas voulu paraître plagiaire. Dans un premier mémoire que j'ai fait paraître l'année dernière, j'ai porté, comme l'a fait M. Daubrée, le net produit moyen actuel des cannes en sucre à 5 p. 100 de leur poids. Je suis heureux de cette similitude, qui, tirée d'expériences aussi différentes, est encore une preuve de plus de leur exactitude.

Les améliorations que les habitants de la Guadeloupe vont porter dans leur fabrication à cause des changements amenés par un bien cruel événement sera un précédent utile, j'espère, à la Martinique, et qui deviendrait au contraire nuisible aux intérêts de ceux qui n'imiteraient pas d'aussi bons exemples.

Ceux qui jusqu'ici ont conseillé les Colonies ont presque toujours agi ou sur des données incomplètes, ou dans l'intérêt de leurs industries particulières : fabricants de machines , ils ont proposé des machines, leur attribuant des résultats que l'habitant ne pouvait y trouver faute d'une instruction particulière pour s'en servir, et que le mécanicien ne pouvait donner, ne connaissant que bien imparfaitement la matière sur laquelle on opère, et les ressources du pays.

La théorie et la pratique doivent se trouver réunies chez ceux qui entreprendront des changements dans un but d'utilité générale : car ils agissent sur un combustible et une matière nouvelle, avec des renseignements pour la plupart mal déduits, et dans des circonstances où les phénomènes atmosphériques jouent un grand rôle; il faut donc que leurs connaissances leur permettent de modifier les applications qu'ils comptent faire, les machines qu'ils ont à leur disposition, les données sur lesquelles il les construisent.

Ce ne sont que des gens instruits et spéciaux qui peuvent mener à bien un système nouveau pour un pays : ils doivent servir de conseils.

Mais pour qu'ils soient désintéressés il faut que leur intérêt soit séparé de celui des fabricants de machines ; il faut aussi qu'ils soient sur les ieux pour décider la question de temps , de lieu, de dépenses, qui ne peut être résolue qu'en présence des choses. C'est cette circonstance qui est cause en partie des mauvais résultats obtenus jusqu'à présent dans les innovations aux Colonies : pour préciser il faut savoir juger. Par exemple , si on a pour moteur l'eau suffisante pour le travail qu'on peut faire, et qui varie suivant l'importance de chaque habitation , dans ce cas une machine à vapeur est une dépense qui n'offre pas de bénéfice pour vous et seulement la perte de la dépense d'installation , tandis qu'elle peut offrir de très grands avantages pour un voisin. Ceci est un cas particulier pour servir d'exemple , et prouver que ce n'est bien que sur les lieux que l'on peut se convaincre de l'avantage de tel changement et qu'un homme spécial est indispensable pour diriger ces améliorations. Tel rôle d'un moulin vertical peut être utilement employé à un moulin horizontal, tandis que tel autre n'est pas suffisant pour le travail que le moteur peut accomplir.

FABRICATION ACTUELLE

ₐDU

SUCRE AUX COLONIES.

DES MOTEURS.

Les moteurs dont on se sert sont 1° l'eau, 2° les animaux, 3° l'air, 4° la vapeur.

L'eau est le meilleur moteur dont on puisse disposer, car il réunit la puissance et l'économie; et quand la roue hydraulique est bien construite, le travail devient très régulier; mais celles dont on se sert maintenant n'utilisent ni la totalité de la chute ni celle du volume d'eau, et ont, en outre, une grande irrégularité à cause de la variation de la dépense d'eau et de celle de la charge. Il y a donc bien des causes de pertes de force et des améliorations faciles à y apporter : c'est ce qui est l'objet d'un chapitre spécial.

Les animaux sont employés pour faire mouvoir les moulins, qui, à cause de cela, sont nommés moulins à bêtes. Généralement on cherche à en proscrire l'emploi à cause de la dépense de l'acquisition des attelages; mais c'est un grand tort dans un pays où l'agriculture permet d'employer les fumiers si utilement, et de ne pas laisser aux bestiaux de temps de chômage. Du reste, avec un emploi mieux entendu de ces moteurs animés, on pourrait en diminuer beaucoup le nombre, et surtout la fatigue du travail actuel. On n'a pas assez remarqué que la régularité du mouvement et sa lenteur sont les causes d'une bonne pression, et que, sous ce rapport, les moulins à bêtes remplissent le mieux cette condition, jusqu'à ce que les roues hydrauliques, par une construction mieux entendue, viennent aussi réunir ces avantages. Aussi, quoique rendant moins à l'heure, ces moulins sont-ils ceux de la colonie qui extraient le plus de jus d'une quantité donnée de cannes.

Les moulins à vent pèchent par l'irrégularité de leur mouvement et par les temps de chômage qu'ils occasionnent. Comme, pour éviter ce dernier inconvénient, on ne les emploie jamais sans avoir pour les seconder au besoin un moulin à bêtes, il en résulte qu'ils ne sont jamais d'une grande économie à cause de leur premier établissement. Je pense donc qn'il sera d'une bonne administration d'utiliser avec le plus d'intelligence

ceux que l'on a à sa disposition, mais de ne pas
en faire construire de nouveaux, exigeant surtout, comme maintenant, deux outils séparés.

La vapeur est sans nul doute un excellent moteur
remplissant toutes les conditions qu'on peut exiger ; mais elle n'est pas indispensable, et son prix
d'acquisition, celui d'entretien et de combustible, le rendent fort cher dans un pays où la
main d'œuvre, pour ces sortes de machines, est
fort coûteuse. Je pense donc qu'on doit toujours
lui préférer l'eau, et même les animaux, pour
des fabrications moyennes.

DES COURS D'EAU, ET DE LA MANIÈRE LA PLUS AVANTAGEUSE DE LES EMPLOYER.

Les cours d'eau à la Martinique, comme dans
tous les pays sujets à de fortes sécheresses, puis à
des pluies abondantes, sont d'un volume d'eau
très variable suivant les saisons.

Presque tous cependant sont utilisés pour faire
marcher des usines ; mais, comme on ne connaît
l'usage que des roues à augets, prenant l'eau soit
en dessus, soit de côté, il s'ensuit qu'afin d'avoir
à disposer d'une chute, les roues hydrauliques
ne sont jamais sur les cours d'eau eux-mêmes :
on détourne donc ces rivières en totalité ou en

partie pour les conduire à l'endroit où la différence de niveau du canal et de la rivière permet
de placer l'usine.

Les barrages et les canaux sont les moyens employés pour détourner l'eau et la conduire sur la
roue.

Lorsqu'une usine doit fonctionner, quelques
heures à l'avance on envoie à la prise d'eau les
nègres les plus adroits : ceux-ci barrent le lit de
la rivière avec des pierres et de la paille de cannes. L'eau arrêtée par cet obstacle, refluant sur
elle-même, entre dans le canal qui doit la conduire au moulin. On conçoit que cette opération,
renouvelée quelquefois toutes les vingt-quatre
heures dans le temps des pluies, fait perdre un
temps précieux, et pour les nègres qui y sont occupés, et pour la fabrication, qui est obligée de
s'arrêter dès que le barrage est emporté par les
eaux, ce qui empêche l'eau d'arriver au moulin.
Dans les temps de sécheresse, ce barrage n'est
jamais assez étanche pour empêcher qu'il ne se
perde une partie de l'eau dont on a souvent besoin. Rarement il y a une porte à la prise d'eau
du canal : ce qui fait que le volume d'eau n'est
jamais le même; par conséquent la vitesse du
moulin, qu'il est si nécessaire d'avoir constante,
varie aussi; le canal se dégrade plus facilement

contenant toujours de l'eau courante, et donne plus de peine à nettoyer.

Pour remédier à ces défauts, il faut mettre un barrage en maçonnerie sur le cours d'eau, au point où l'on veut que soit la prise d'eau du canal.

Ce barrage sera composé de piliers de 1 mètre de largeur, laissant entre eux un intervalle de 1 mètre; ils auront des coulisses, dans lesquelles on glissera des madriers quand on voudra retenir les eaux; l'épaisseur de ces piliers, la profondeur de leur fondation, dépendront de la hauteur de l'eau dans ce barrage et du sol sur lequel il est placé.

Il est clair que, le lit de la rivière étant réduit de plus de moitié par ces piliers, la hauteur de l'eau et sa vitesse sera augmentée à ce passage. Il faudra donc élever autant que possible le fond de la prise d'eau. Cela est très important, si l'on ne veut rien perdre de la chute dont on peut disposer. On y parviendra toujours 1° en élevant le fond de la prise d'eau autant que le permettent la hauteur des berges en amont et le volume d'eau qui doit y passer; 2° en donnant au canal une pente, qui varie suivant sa nature, et qui est indiquée dans la troisième édition de l'*Aide-mémoire de mécanique pratique* de M. A. Morin, mais qui peut être généralement de $\frac{1}{2000}$ ou 1 mètre pour 2000 mètres, en faisant le coursier fort petit, de 1 mètre à 1$^\mathrm{m}$,50 : car, ce dernier ayant une pente considérable, le $\frac{1}{12}$ de sa longueur, il en résulte que toutes ces considérations influeront sur la hauteur de la chute de l'extrémité du coursier au bas de la roue.

DES CANAUX A RÉGIME CONSTANT.

Du seuil de la prise d'eau dont nous avons indiqué la détermination, l'eau arrive dans le canal qui la conduit au moulin; quand ces canaux sont en bois ou en maçonnerie, les parois peuvent être verticales, et dans ce cas il convient, lorsque les localités le permettent, que la profondeur de l'eau soit **la moitié** de la largeur du canal.

Pour les canaux en terre, la largeur au fond est égale à quatre ou six fois la profondeur, leur bord est incliné sur le fond en talus de 1 ou $\frac{1}{2}$ de base sur 1 de hauteur eu égard à la nature des terres : leur section transversale est donc celle d'un trapèze. Quant à la pente, nous avons indiqué l'ouvrage de M. A. Morin pour y puiser les renseignements qui la déterminent; la limite inférieure à donner à cette pente, pour que l'eau n'éprouve pas trop de frottement des parois et des herbes, est de $\frac{1}{10000}$ ou 1 mètre pour 10,000 mètres. D'après M. Morin, troisième édition, page 44, on aura une vitesse moyenne de $0^m,94$ par seconde en donnant pour pente à un canal en maçonnerie $\frac{1}{2000}$ ou 1 mètre pour 2000 mètres.

DES DIGUES OU BATARDEAUX.

Lorsque le régime de la rivière ne suffit pas à l'alimentation constante du moulin, on augmente ce régime par une provision d'eau faite à l'avance par une digue.

Les dimensions, la forme, la manière dont les portes sont placées, tout cela influe sur sa solidité, qui a besoin d'être d'autant mieux calculée, que dans ce pays, sujet à de fréquents orages, la pluie change quelquefois les ruisseaux en torrents. On évite cet inconvénient lorsqu'il n'y a sur le cours d'eau qu'un simple barrage forçant l'eau à suivre un canal qui la conduit à un grand réservoir ou étang. Les dimensions à donner à la maçonnerie qui soutient les eaux sont les mêmes dans les deux cas ; ce sont les localités qui obligent à choisir l'un de ces deux moyens. Toujours est-il, lorsque la digue doit être sur le cours d'eau, qu'il est préférable de faire deux ou trois digues formant deux ou trois réservoirs séparés , au lieu d'en faire un seul avec de très grandes dimensions.

Les canaux généralement débouchent dans le coursier; quelques uns ont une porte latérale par laquelle on laisse échapper l'eau quand on ne veut pas faire aller le moulin; mais il n'y a aucune porte au coursier, ce qui a l'inconvénient de rendre la dépense d'eau, et par conséquent la vitesse du moulin, variable, et de nuire à la vitesse d'arrivée de l'eau sur la roue, car il ne peut y avoir charge sur le seuil du coursier, puisqu'il n'y a pas de portes pour maintenir l'eau.

RÉSERVOIR EN AVANT DU COURSIER.

Afin d'obvier à cet inconvénient, on place un réservoir en avant du coursier; ce réservoir doit avoir pour surface au moins douze fois celle de l'orifice : si les localités permettent de donner facilement de plus grandes dimensions, cela n'en vaut que mieux.

Ce réservoir offre l'avantage de s'opposer à la contraction de la veine fluide, ce qui a lieu au sortir du canal, surtout quand le coursier n'est pas dans le prolongement du canal; de contenir l'eau pour faire charge sur le seuil du coursier, et d'arrêter son courant lorsqu'on ferme la porte du coursier. Ce réservoir doit avoir un trop-plein et une décharge : le trop-plein permet à l'eau de s'échapper lorsqu'elle arrive en excès, et que le niveau de l'eau dans le réservoir dépasse le bas de ce trop-plein, qui est le point qu'on lui assigne pour limite supérieure ; la décharge sert à laisser échapper l'eau quand on veut vider le réservoir ; le trop-plein est toujours en déversoir, par conséquent ses dimensions de largeur surtout doivent être plus grandes que celles de la porte donnant dans le coursier. Il faut donc avoir soin que les bords de ce réservoir soient au moins à 0^m,20 au dessus du seuil du trop-plein. La charge sur le seuil du coursier dépend du diamètre de la roue, et est indiquée dans le *Traité de mécanique pratique* de M. A. Morin, page 209, troisième édition.

Nous avons indiqué la manière la plus avantageuse de conduire l'eau au réservoir ; voyons la manière de l'employer pour en avoir le plus d'effet utile. Voici comment procède la construction actuelle.

DU COURSIER ET DE LA ROUE.

Du canal, et sans qu'il y ait de portes, l'eau passe dans le coursier. Ce dernier est plus ou moins long suivant les dimensions de la roue

(nous ne parlons dès ce moment que des roues à auget recevant l'eau en dessus); toujours ces coursiers sont-ils de $1^m,oo$ à $1^m,5o$ plus longs que le rayon de la roue. Leur inclinaison varie à l'infini, mais le plus généralement ils sont horizontaux. Leur fond a $0^m,3o$ au dessus de l'axe vertical, et le dépasse ; de telle sorte que l'eau n'arrive sur la roue qu'en un point tel, que le rayon qui passe par ce point fait avec le rayon horizontal un angle de $5o°$. Leur largeur est généralement la même partout et égale à celle de la roue ; quelques uns se rétrécissent pourtant vers leur extrémité. Ces roues tournent généralement à une grande vitesse de 4 à 5 mètres par seconde. Quelle que soit la chute dont on ait à disposer, les roues hydrauliques n'ont guère que deux modèles, l'un de 8 mètres, l'autre de 10 mètres de diamètre. Leur largeur intérieure est comprise entre $0^m,4o$ et $0^m,6o$, quel que soit le volume d'eau qu'elles reçoivent. Les augets ne sont pas brisés, et la profondeur des couronnes est de $0^m,33$ à $0^m,5o$. De ce qui précède on peut conclure que, l'eau arrivant lentement dans le coursier, puisqu'il n'y a pas de charge, puisqu'il n'y a pas de portes, cette lenteur se continue et même augmente pendant son trajet. Arrivée à son extrémité, la lame fluide devient très épaisse. Lorsque le coursier a même largeur que a roue, la lame d'eau, en s'épanouissant, déborde es côtés de la roue et se perd en quantité notable;

puis l'épaisseur du liquide, la direction de sa courbe et la vitesse de la roue, empêchent encore une assez grande quantité d'eau de pénétrer dans les augets ; elle en est repoussée par la face extérieure de l'auget. Joignons à cela que la hauteur du coursier au dessus de l'axe de la roue, le point de cette roue où elle reçoit l'eau, est autant de perdu pour la chute, et qu'enfin la vitesse de la roue et la petite capacité des augets font perdre l'eau avant qu'elle soit arrivée au point où le versement doit avoir lieu; et nous aurons énuméré les graves inconvénients auxquels entraînent les vices de construction du coursier, ce qui peut faire varier l'effet utile de la roue, et la porter à $0^m,30$ au lieu de $0^m,70$ du travail absolu du moteur qu'on obtiendrait par une construction bien raisonnée.

Quels sont donc les moyens de corriger ces défauts ? Le coursier sera intérieurement de $0^m,10$ plus étroit que la roue, il aura même largeur partout et sera précédé d'une porte donnant dans le réservoir d'eau. Il y aura toujours avantage à faire ce coursier court de $1^m,00$ à $1^m,50$ environ ; la charge sur le seuil du coursier variera suivant les hauteurs de chute (voir l'*Aide-Mémoire de mécanique*), l'inclinaison du coursier sera $\frac{1}{12}$ de sa longueur ; la porte donnant dans le réservoir se raccordera avec lui par des contours arrondis et aura même largeur que ce coursier ; il n'y aura qu'un centimètre de jeu entre le coursier et la roue ; enfin le coursier se terminera à $0^m,15$ de la verticale passant par l'axe de la roue, de manière à ce que l'eau arrive dans le premier auget en avant de cette verticale du côté du mouvement de la roue.

Enfin la levée de vanne devra autant que possible n'être que de $0^m,10$, à moins que cela n'entraîne à donner de trop grandes largeurs aux roues. Nous voyons que par ces moyens l'on évite les inconvénients que j'ai signalés dans la construction du coursier.

Examinons maintenant les défauts qui proviennent de la construction actuelle de la roue hydraulique.

Le diamètre constant empêche de bien utiliser toutes les chutes qui ne vont pas exactement à ces mesures : aussi voit-on à la Martinique des chutes de 4 à 5 mètres avec un volume d'eau considérable qui agissent en déversoir et en prenant de côté les roues de 8 mètres de diamètre. Cette eau arrivant toujours au dessous de l'axe par la mauvaise disposition du coursier, il en résulte qu'une fois le premier auget rempli, cette eau se perd sans entrer dans les augets suivants ;

la roue n'étant point contenue dans un coursier circulaire, cette circonstance oblige d'employer une force étrangère pour la mettre en mouvement dès qu'elle est arrêtée. Il y a aussi des chutes de 20 mètres auxquelles on a adapté des roues de 10 mètres de diamètre. Il y a donc souvent perte de chute, et la chute est pourtant un des éléments les plus importants de la puissance d'un cours d'eau. Le trop peu de largeur entre les couronnes donne fort peu de capacité aux augets ; aussi ne peuvent-ils pas souvent contenir toute l'eau qui y est versée, et toujours cela hâte-t-il leur versement : de là perte de la masse d'eau agissante. Enfin la vitesse de 4 à 5 mètres par seconde à laquelle elles marchent généralement permet à la force centrifuge d'exercer toute son action ; et la partie d'eau qui est reçue dans les augets, partie minime, comme nous l'avons vu, de celle qui pourrait être employée, cette quantité même en est expulsée presque dès son entrée par l'action de la force centrifuge.

Je ne saurais donc trop recommander de se mettre en garde contre l'ancienne routine qui croyait une roue d'autant mieux construite qu'elle tournait plus vite. Cet excès de vitesse prouve bien pour le moment un excès de force du moteur sur le travail consommé pendant ce temps ; mais cet excès de force est entièrement perdu pour le travail. La seule bonne manière de juger de la force d'un moteur est par la quantité de vesou obtenue à pression égale et dans le même temps, et les roues dont nous parlons en donneraient près du double avec le même cours d'eau , si la résistance qu'on leur offrait les faisait tourner à une vitesse convenable. Il est d'ailleurs un moyen fort simple de reconnaître quand la perte de l'eau est occasionnée par la force centrifuge. Si , après avoir chargé le moulin de telle sorte que la roue ne tourne plus que lentement, on diminue cette charge sans changer le volume d'eau : on verra alors le versement de l'eau des augets commencer à un point plus élevé du bas de la roue que cela n'avait lieu primitivement ; or il est bien clair que, lorsque la roue tourne vite, chaque auget reçoit moins d'eau que lorsqu'elle tourne lentement, puisqu'il en passe un plus grand nombre que précédemment devant l'extrémité du coursier et que la dépense d'eau n'a pas changé. Chaque auget contiendrait donc parfaitement cette quantité d'eau , si une force particulière ne le forçait à verser ; d'ailleurs, à mesure que la vitesse augmente, le versement des augets commence plus haut. Une très grande vitesse, celle de 5 à 6 mètres par seconde, empêche les augets de se vider complétement, et donne par conséquent plus de lourdeur à la roue ; tandis qu'autant que possible les roues hydrauliques doivent être légères.

Les augets petits et non brisés permettent à
l'eau de les quitter plus tôt qu'elle ne l'eût fait
avec des augets brisés et d'une grande capacité.
Je vais donc indiquer la meilleure construction
pour utiliser une chute donnée.

Nous avons vu comment on arrivait, depuis la
prise d'eau , à déterminer où devait arriver le
sommet de la roue à un centimètre au dessous de
l'extrémité du coursier. Pour savoir où doit arriver son point le plus bas , il faut d'abord s'occuper de la décharge du moulin. Généralement
cette décharge devra être un peu plus large que
le canal d'arrivée et avoir un peu plus de pente
que lui , de manière à ce qu'on puisse conduire
facilement tout le volume d'eau qu'elle reçoit.
Elle doit être telle que, si le niveau de l'eau dans
la rivière où elle se jette venait à remonter, l'eau
ne puisse jamais se trouver au dessus de la couronne de la roue, et dans les eaux moyennes il ne
doit pas rester d'eau dans la talvanne. Ces considérations nous donnent le point le plus bas de la
roue, et la verticale comprise entre les deux plans
horizontaux menés par le point le plus haut et
celui le plus bas de la roue nous indique le diamètre à lui donner. Comme nous voyons, il varie
selon la chute totale d'eau dont on a à disposer.
Cependant pour les roues qui prennent l'eau en
dessus il est des limites qu'on dépasse rarement :

c'est de 3 mètres à 15 mètres de diamètre pour ces roues.

Quant à la largeur des roues, elle doit varier en raison du volume d'eau dont on veut disposer, toutefois après avoir calculé la largeur que doit avoir l'orifice de la vanne donnant dans le coursier, de manière que la dépense se passe par une levée de vanne de $0^m,10$: sous une hauteur beaucoup moindre, le frottement de l'eau est très considérable. On donne intérieurement à la roue $0^m,10$ de largeur de plus qu'au coursier. Ces largeurs peuvent varier de $0^m,40$ à 4 et 5 mètres ; on peut même les avoir beaucoup plus considérables, mais cela entraîne dans des constructions dispendieuses et inutiles pour les forces dont nous avons besoin. La largeur des joues varie en raison de la quantité d'eau que doit recevoir chaque auget ; elle peut être restreinte entre $0^m,3$ et $0^m,60$. Il est toujours plus avantageux, quand on le peut, d'augmenter la largeur de la roue que celle de l'auget. Il est bon que les couronnes dépassent un peu le bord de l'auget, parce que, lorsque l'on ouvre la vanne pour mettre la roue en mouvement, l'eau, après avoir débordé le premier auget, passe dans le second, et ainsi de suite, jusqu'à ce que la roue soit en mouvement. Quand la couronne est au niveau des augets, il se perd dans ce temps une certaine quantité

d'eau ; on a soin de ne relever la vanne que progres-
sivement jusqu'à ce que la roue soit en mouvement.

L'écartement des augets sur la circonférence
extérieure est généralement de o^m,25 à o^m,35.
Les augets doivent être brisés et d'une capacité
double au moins du volume d'eau qu'ils doivent
recevoir. Enfin la vitesse de la roue doit être à
peu près constamment dans les limites de 1^m,25
à 2^m,oo par seconde ; les roues d'un diamètre de
10 mètres avec une grande capacité pour leurs
augets peuvent sans inconvénients atteindre la
limite de 2^m,5o. L'on voit donc que le nombre de
tours varie en raison du diamètre ; plus la roue
est grande, et moins elle fait de tours par minute.

Les tourillons peuvent varier de diamètre suivant le poids de la roue qu'ils ont à supporter.
Ils s'useront d'autant plus vite que leur diamètre
est plus petit. Mais il faut observer que c'est ce
diamètre qui influe le plus sur le frottement ou la
dureté de la roue ; par conséquent, malgré l'inconvénient de s'user plus vite, quand on voudra
employer avec le plus de succès toute la force
qu'on a à sa disposition, il faudra avoir de petits
tourillons et les faire tourner dans des coussinets
en fonte humectés d'huile, et sans qu'il puisse
s'y introduire de sable.

Je ne parle pas des roues à vannage de côté,
parce que leur construction est la même que celle
des roues en dessus. Il est avantageux de faire arriver l'eau sur ces roues à 33° au dessus de l'axe
horizontal. Cela détermine, comme on voit, leur
diamètre suivant la hauteur de chute, le bas de
la roue étant déterminé par la décharge. Leur
vannage est assez compliqué, et peut être rem-
placé sans de graves inconvénients par un vannage en déversoir. D'ailleurs la majeure partie des
roues à vannage de côté à la Martinique peuvent
être transformées avec avantage en roues prenant l'eau en dessus, mais d'un diamètre plus petit que celles employées jusqu'à présent. Il y a
aussi parmi les moteurs hydrauliques la turbine
modifiée par M. Fourneyron, et qui est sans
contredit le moteur le plus avantageux comme
prix d'établissement et comme rendant le meilleur effet utile; mais ce genre de roues exige
plus que tout autre un homme spécial. Je n'en
parle donc ici que comme mémoire, car il serait
impossible d'en établir sans avoir les connaissances indispensables à ce sujet.

DES MOULINS.

D'après M. Péligot, dans son ouvrage sur la
composition chimique de la canne à sucre de la
Martinique (p. 28), la canne est composée théori-

quement de 90,1 p. 100 de vesou et de 9,9 p. 100 de son poids en ligneux. Nous obtenons en moyenne 58 p. 100 en vesou ; nous pourrions avec de bons moulins bien réglés obtenir 70 p. 100 en vesou du poids des cannes.

Les moulins employés à presser la canne sont de deux sortes : soit à cylindres ou rôles horizontaux, soit à rôles verticaux. Mais, comme la position des rôles n'influe en rien sur la pression ou le rendement des cannes en vesou, je vais tout de suite indiquer que ce qui doit faire donner la préférence aux rôles horizontaux c'est la facilité que l'on a à fournir ce genre de moulins et la plus grande quantité de cannes que l'on peut y faire passer dans un même temps, suivant la longueur que l'on donne aux rôles et la force du moteur ; tandis que, dans les moulins verticaux, l'espace fourni facilement est toujours à peu près le même, $0^{m},33$ environ. les rôles s'usent surtout dans cet endroit, de manière que la partie supérieure, où l'on ne peut atteindre, et celle inférieure, que garantit la table où se mettent les cannes, se touchent quelquefois, tandis que le milieu n'est pas assez serré pour exercer une bonne pression. C'est pour cette raison qu'un moulin neuf vertical rend un meilleur service qu'un moulin déjà usé ; c'est aussi au peu d'étendue qu'on peut fournir dans ces rôles qu'il faut attribuer le rendement presque uniforme de tous les moulins verticaux dans un temps donné : ainsi, généralement, ils donnent six cents litres de vesou à l'heure, quelle que soit la force du moteur. Ceux de ces moulins qui seraient changés contre des moulins horizontaux dont le moteur ne permettrait pas de fournir une plus grande longueur de rôles , $0^m,33$, offriraient, toutes choses égales d'ailleurs, à peu près les mêmes résultats que les moulins verticaux actuels , quoique cependant le poids du cylindre supérieur , agissant dans le sens de l'effort , dût rendre cette pression meilleure ; mais ce bénéfice est absorbé par le frottement des tourillons, qui est plus considérable que celui des pivots dans leur crapaudine. Outre ces considérations, le bâti d'un moulin vertical tient bien plus de place , et demande plus de matériaux que celui d'un moulin horizontal ; et d'ailleurs, avec peu de frais, les moulins verticaux peuvent être transformés en moulins horizontaux, avec bâti en bois de dimensions convenables. Ces faits posés , parlons des rôles, quelle que soit leur position.

DES ROLES.

Les rôles d'un moulin sont généralement au nombre de trois : celui du milieu est en communication par des engrenages avec la roue hydraulique, et porte lui-même un autre engrenage qui

fait tourner les deux rôles latéraux ; quelquefois
ces trois rôles sont de même diamètre et portent
le même nombre de dents d'engrenage ; d'autres
fois le rôle du milieu est plus petit que les deux
autres, et porte un tiers de dents de moins que
les engrenages des autres rôles : cela s'appelle des
rôles tiercés. C'est avec raison que les habitants
leur attribuent la cause d'une meilleure pression ;
mais ils déchirent la bagasse, ce qu'ils croient
faussement une conséquence d'une bonne pression.

Ces rôles sont cannelés, ou dans le sens de leur
longueur, ou obliquement : ordinairement il n'y
a que le rôle du milieu , quelquefois les deux rôles latéraux, ou même les trois rôles. La vitesse
du rôle du milieu est généralement de trois ou
quatre tours par minute ; leur diamètre varie de
$0^m,50$ à $0^m,66$.

Lorsque les trois rôles ont les mêmes dimensions, et que leurs engrenages ont le même nombre de dents, leur vitesse est la même. Avant de
mettre les cannes au moulin, on a soin de rapprocher les rôles aussi près que possible , en évi-
tant toutefois qu'ils ne pressent l'un sur l'autre, ce
qui rendrait le moulin très dur à tourner, et
pourrait même les faire casser.

Dans tous les moulins, la pression est d'autant

meilleure que les rôles tournent plus lentement. Les rôles non cannelés sont ceux d'entre eux qui exercent encore la meilleure pression, parce qu'il ne se met pas dans les cannelures des portions de cannes qui sont moins bien pressées que les autres. Ces cannelures ont pour but de mieux saisir la canne; mais elles sont inutiles, parce que le vesou fait à la surface du rôle des rugosités qui empêchent la canne de glisser; ce qui pourrait donc n'avoir lieu que la première fois qu'on se sert d'un rôle, et ce qu'on éviterait facilement en l'imprégnant de vesou un jour ou deux à l'avance.

L'engrenage du rôle du milieu, avons-nous dit, a, dans les rôles tiercés, un nombre de dents qui égale les deux tiers de celui des engrenages des deux autres rôles, par exemple 16 dents quand les deux autres en ont 24. Le périmètre des rôles n'est point proportionnel à la denture, car ces dents sont de dimensions plus fortes que celles qu'elles commandent. De là le développement du cylindre du milieu n'est plus le même que celui des cylindres latéraux. C'est à cette différence de vitesse qu'il faut uniquement attribuer le déchirement de la bagasse; on pourrait donc avoir une bagasse aussi bien exprimée, et sans être déchirée, si la vitesse ou le développement des trois cylindres était le même.

De ce rapport entre les dents des engrenages il résulte que la vitesse des rôles latéraux sera les $\frac{16}{24}$ ou les $\frac{2}{3}$ de celle du rôle du milieu, les cylindres ayant même diamètre à peu près ; le rôle du milieu faisant quatre tours par minute, ces rôles en feront moins de trois tandis que dans les moulins non tiercés ils en font quatre. Eh bien, c'est la lenteur des rôles qui influe le plus sur une bonne pression, c'est elle qui fait que l'on obtient un meilleur résultat de ces moulins tiercés. Voici donc le fait le plus important à observer dans la conduite d'un moulin ; voici pourtant celui sur lequel on a le moins insisté. On pourrait penser à première vue que, la lenteur des rôles ne servant qu'à augmenter la puissance de pression, on arriverait au même but en augmentant la puissance sans nuire à la vitesse ; mais ce serait une erreur : car c'est la contexture de la canne qui exige cette lenteur dans la pression, pour que la partie de la canne qui a laissé échapper le jus ne forme pas aspiration en se gonflant, et n'appelle pas ainsi à elle le jus qui se trouve dans la partie de la canne qui n'a pas encore passé dans la partie la plus rapprochée des deux rôles. Si j'entre dans quelques applications, je dirai que j'ai vu généralement rejeter aux colonies les moulins horizontaux mus par des roues hydrauliques. Les habitants trouvaient que ces moulins pressaient moins bien leurs cannes que les moulins verticaux, et ils avaient raison ; mais au lieu d'en attribuer la cause à la position des rôles, s'ils avaient observé que dans presque tous ces moulins l'arbre de la roue hydraulique fait tourner le cylindre avec lequel il communique à la même vitesse que cette roue, qui tourne généralement elle-même déjà trop vite, ils auraient pu remarquer que ce cylindre tourne à 6 et 7 tours par minute, et attribuer à cette vitesse la cause d'une mauvaise pression. Pour moi, je ne puis citer que les moyennes d'un grand nombre d'expériences faites avec soin, et je puis dire qu'avec le même moulin, les rôles serrés de la même manière, j'ai obtenu en vesou 45 p. 100 du poids des cannes lorsque le moulin tournait à six tours de rôle par minute, tandis que j'ai obtenu 70 p. 100 lorsqu'il tournait à deux tours et demi. Ainsi donc la lenteur des rôles influe considérablement sur le rendement des cannes en vesou ; mais comme, à nombre de tours égal, la surface développée est en raison du diamètre des cylindres, je dirai qu'on obtiendra toujours une bonne pression avec des cylindres qui par minute développeront une surface de 4 à 5 mètres de longueur. Ainsi un cylindre de 0$^\mathrm{m}$,80 de diamètre faisant deux tours par minute sera convenable. Pour que la bagasse ne soit pas brisée, les trois cylindres devront marcher à la même vitesse. Je sais bien que l'on objectera que moins le cylindre ira vite et moins on aura de vesou dans un temps donné, bien que les cannes soient mieux pressées ; cela est vrai, mais c'est dans cette circonstance qu'on voit encore mieux l'avantage du moulin horizontal. Les rôles sont d'autant plus longs que l'on veut obtenir plus de vesou dans un temps donné, et c'est la quantité de jus qu'on veut obtenir dans ce temps qui détermine la force que doit avoir le moteur. Ainsi donc, lorsque les rôles sont suffisamment rapprochés, il ne faut attribuer qu'à la vitesse le plus ou moins de rendement des cannes en vesou, et au moteur le plus ou moins de vesou qu'on obtient à l'heure.

D'après des expériences que je n'ai pu faire qu'approximativement, n'ayant point eu de frein dynamique à ma disposition, je puis cependant indiquer qu'il faut que chaque rôle développe à sa circonférence un effort de 1400 kil. sur une longueur de 0^m,60 et à une vitesse de 0^m,93 par seconde, pour pouvoir donner de 900 à 1000 litres de vesou à l'heure, suivant la nature des cannes, le reste étant dans de bonnes conditions et le moulin fourni à sa charge.

DES ENGRENAGES.

Ceux qui servent à transmettre le mouvement de la roue hydraulique aux moulins verticaux sont généralement tiercés. Celui qui est placé **sur** l'arbre de la roue hydraulique se nomme rouet et a généralement 3o dents ; celui qui est sur le rôle du milieu et lui communique son mouvement se nomme balancier, et a 9o dents. D'après ces dispositions, on voit que ce sont les engrenages qui semblent déterminer la vitesse du moulin, tandis qu'ils devraient être dépendants de celle qu'on veut lui donner. La roue hydraulique faisant approximativement le même nombre de tours, quel que soit son diamètre, les moulins tournent à peu près à la même vitesse. La rapidité de la roue hydraulique étant considérée à la Martinique comme la preuve d'une bonne construction , il s'ensuit qu'on varie le rapport des engrenages pour l'obtenir , sans avoir égard à la charge du moulin , à la vitesse que doit avoir la roue hydraulique pour produire son maximum d'effet , à la longueur des rôles ou à la quantité de vesou à obtenir dans un temps donné. On s'attache donc surtout à ce qui fait perdre le plus de force du moteur.

CONSTRUCTION RAISONNÉE.

Des rectifications qui précèdent, et qu'on peut établir dans le système actuel, il suit 1º que, pour que la roue hydraulique produise le meilleur effet possible , il faut lui donner le plus grand diamètre, en se réglant sur la chute d'eau, donner une grande capacité aux augets, et faire marcher la roue à une vitesse constante quant à son développement, mais variable quant à leur nombre de révolutions, qui est en raison inverse de leur diamètre; 2° que les moulins, pour exercer la meilleure pression, doivent tourner à une vitesse constante quant à leur développement, et à peu près constante quant à leur nombre de révolutions, deux à trois tours par minutes, car leur diamètre varie dans de très faibles limites; 3° que les engrenages ne servent qu'à joindre le mouvement de la roue à celui que doit avoir le moulin, qu'ils sont dépendants de ces vitesses primitives, qui ne doivent jamais être altérées; 4° que le moulin doit être chargé régulièrement, car, la puissance motrice ne changeant pas, la vitesse augmenterait dès que la résistance ou la quantité de cannes fournie diminuerait.

Cette charge régulière du moulin est une difficulté, il est vrai, et l'on ne pourra y obvier qu'en se servant pour le charger d'une toile sans fin. MM. Mazelines frères, ingénieurs-mécaniciens à Graville, près le Havre, sont ceux chez lesquels j'ai trouvé les moulins les mieux entendus et les plus faciles à monter : ils sont munis d'une toile sans fin pour les charger. D'ailleurs ces ingénieurs en ont déjà fourni plusieurs de ce genre, et ont pu y apporter tous les perfectionements possibles et les livrer à un prix plus modéré que qui que ce puisse être.

Il y a aux colonies trois manières différentes de passer les cannes au moulin : la plus avantageuse est celle qui consiste à faire passer les bagasses seules après que les cannes ont passé une première fois entre les rôles; par la seconde manière on ne fait passer qu'une seule fois les cannes au moulin; enfin la troisième manière, qui est la plus généralement adoptée, quoique la plus désavantageuse, consiste à mettre avec des cannes qui passent pour la première fois au moulin des bagasses qui y ont déjà passé. Dans ce cas les rôles, qui sont écartés par la résistance des cannes permettent à la bagasse de s'imprégner d'un vesou qu'elle ne rend jamais en entier. Le premier moyen est le seul qu'on doive employer dans une fabrication perfectionnée, et on y parviendra avec le plus grand avantage à l'aide d'un deuxième moulin faisant suite au premier.

Je ne parle pas d'un dernier moyen conseillé récemment et qui consiste à mouiller les bagasses avant de les soumettre à une seconde pression. Le procédé devient d'autant plus préjudiciable que la première pression a été meilleure; il demande une quantité de combustible de 400 p. 100 plus considérable que celui employé maintenant , ne donne qu'une augmentation égale à 16 p. 100 du rendement de 68 p. 100 du poids des cannes , et détériore la qualité du chauffage ; tandis qu'avec une bonne pression on obtient une bagasse qui peut être facilement desséchée en passant à travers un dessiccateur , et être portée immédiatement du moulin au chauffeur , ce qui diminuerait beaucoup les bâtiments d'exploitation et la main d'œuvre , le chauffage pouvant être alors transporté par une toile sans fin du moulin aux fourneaux.

Le perfectionnement de la pression est donc le premier à apporter aux colonies; il est assez simple et présente assez d'avantages pour que je puisse espérer que ces notes pourront y contribuer. Si au lieu de 58 p. 100 du poids des cannes qu'on obtient maintenant on tirait 70 p. 100, l'habitant ferait un bénéfice de 20,68 p. 100 sur sa fabrication actuelle, car on a la proportion

$$58 : 70 - 58 :: 100 : x$$

ou bien

$$58 : 12 :: 100 : 20,68.$$

Cette augmentation de produit avec diminution de main-d'œuvre mérite bien quelques sacrifices d'installation , qui , bien dirigés , seront moins coûteux qu'on peut d'abord le croire, en utilisant une partie du matériel actuel.

DU VESOU.

Le jus qu'on extrait de la canne se nomme vesou, d'après M. Péligot, qui est celui qui a traité
cette matière avec le plus de soin. Du vesou à 11°
8' Baumé, pesé lorsque le thermomètre trempé
dans ce liquide marque 15° centigrades, est composé :

Sucre	209,00
Eau	771,70
Sels minéraux	17,00
Produits organiques	2,30
	1000,00

En considérant la petite proportion de corps
étrangers à l'eau et au sucre, on peut en conclure
que le vesou n'est presque que de l'eau sucrée.
C'est donc la plus ou moins grande quantité de
sucre dissous dans l'eau qui le rend plus ou moins
dense ; et dès lors l'aréomètre Baumé, en enfon-
çant plus ou moins dans le vesou, indiquera la
quantité de sucre qu'il contient.

Après des expériences multipliées et faites avec
le plus grand soin, des tables ont été dressées, et
indiquent la quantité de sucre contenu dans un
vesou à tel ou tel autre degré Baumé; elles se
trouvent dans le *Cours de chimie organique* de
M. Payen, publié par M. Knab, année 1841-42.

On peut donc, à la seule inspection d'un vesou bien limpide dans lequel on aura plongé l'aréomètre, savoir la quantité de sucre qu'il contient et celle qu'on doit en extraire.

Mais si le vesou n'est que de l'eau sucrée, d'où vient, dira-t-on, la difficulté que l'on éprouve à en extraire ce sucre? Ces causes sont d'abord les corps étrangers, qui n'indiquent pas la densité d'un vesou, mais qui pourtant ont besoin d'en être extraits pour la fabrication. C'est là l'effet de la défécation; mais malheureusement la chaux, qui, d'une part, réussit parfaitement à séparer les corps étrangers de l'eau sucrée, a le grave inconvénient—1° de se combiner facilement au sucre à toutes températures, et de former alors le saccarate de chaux, substance incristallisable;—2° de se combiner à la glucose et de former le glucate de chaux, substance qui se colore fortement par la chaleur, cette glucose étant produite par la fermentation préalable du vesou, et même simplement par l'action de la chaleur pendant l'évaporation. Voici donc, d'une part, introduite dans le vesou une substance qui, par la manière dont elle est employée, devient des plus nuisibles. — Si à cela l'on joint 3° la détérioration causée par la partie acide qui subsiste dans le vesou jusqu'à la défécation, et qui détermine une prompte fermentation,—4° l'exposition du sirop concentré à une

température élevée ,—5° et enfin les causes de caramélisation , on aura toutes les conditions qui
nuisent à cette opération d'abord si simple. On
pourra facilement se convaincre que les mêmes
causes subsistent en opérant même sur de l'eau
sucrée qu'on aura formée d'une dissolution de
sucre blanc dans l'eau, mais qui, exposée aux
mêmes phénomènes, donnera les mêmes résultats que le vesou, et, comme lui, des résidus même entièrement incristallisables, si l'opération
de l'évaporation dure très long-temps, 10 ou 12
heures. Néanmoins une dissolution de sucre pur
au même degré que le vesou se conserve quelques
jours sans altération, à cause de l'absence de
ferment, tandis que le vesou fermente au bout
de quelques heures ; mais je veux parler des phénomènes qui se produisent pendant la fabrication actuelle. Il s'agit donc d'avoir une fabrication qui n'offre pas les mêmes inconvénients.

DE LA DÉFÉCATION.

Dans la méthode actuelle de traiter le vesou
en sortant du moulin et à la température de 25
à 30° centigrades , il arrive dans un bac en bois ,
quelquefois doublé de plomb. Ce bac sert de réservoir pour alimenter les chaudières. Du bac, le
vesou est conduit dans une chaudière appelée la
grande : c'est dans cette chaudière qu'a lieu la
défécation. Cette opération a pour but de réunir

sous forme d'écume une partie des sels du vesou, dont les acides forment avec la chaux des
composés insolubles, afin de pouvoir les extraire
facilement ; mais il reste encore les sels de potasse et de soude, qui, relativement aux autres,
sont très abondants, et que l'on retrouve dans les
mélasses, dont ils contribuent à augmenter la
proportion. Lorsque le vesou a dans la grande
une chaleur de 60° centigrades, on y verse environ 2 p. 1000 d'eau de chaux, puis on brasse fortement la chaudière et on laisse reposer ; lorsque
les écumes se forment, on les enlève à l'écumoir,
et avec le plus grand soin, pour ne pas troubler
ce vesou. Enfin, lorsqu'il entre en ébullition,
comme dès lors il est entièrement troublé par le
mouvement du bouillon, on le passe dans une
chaudière adjacente qui se nomme la propre, et
l'on opère de la même manière sur le vesou qui,
pendant ce temps, a été recueilli dans le bac.

Par la manière dont le vesou est conservé du
moment de son extraction jusqu'à son entrée
dans la grande, l'on voit qu'il est deux ou trois
heures exposé à une température ordinaire de
25° centigrades, qui est celle à laquelle il se détériore et détermine le plus facilement la fermentation visqueuse ; il reste en contact avec les
parcelles de bagasse qui sont tombées avec lui et
qui contribuent à augmenter cette altération, et

enfin il pénètre dans le bois, s'y corrompt, et aide encore à la détérioration de celui avec lequel il est en contact. Arrivé dans la grande, et lorsque la température de 60° centigrades a forcé l'acide pectique qu'il contient à se concréter, on y verse le lait de chaux. Cette chaux, qui agit bien sur une partie des sels étrangers au sucre, qui, comme nous l'avons vu, sont en bien minime partie, surtout si le vesou n'avait pas encore éprouvé de détérioration ; ce lait de chaux, dis-je, dans la fabrication duquel on n'apporte pas assez de soin, et qui est généralement caustique, a l'inconvénient de redissoudre l'albumine végétale, qu'elle met sous forme d'un liquide gommeux très difficile à enlever à l'écumoire. Enfin l'ébullition qui a lieu dans la grande, et que l'on ne peut empêcher dans notre système de fourneau, nuit à l'épuration complète du vesou en rendant l'écumage très difficile, et a l'inconvénient plus grand encore de former le glucate de chaux, matière incristallisable et colorante, qui se compose de glucose et de chaux mélangées à cette température. L'eau de chaux elle-même qui a servi à cette opération est faite avec peu de soin : la chaux dont on se sert contient beaucoup de potasse carbonatée, car elle est généralement faite dans les fourneaux de l'équipage et en contact avec la cendre ; enfin on n'éteint pas bien la chaux. Cette eau n'est pas passée au tamis avant de s'en servir, ce qui fait qu'on mélange au vesou les corps étrangers qui y sont contenus, tels que le biscuit ou la partie insoluble de la chaux; puis la potasse caustique se forme par l'action de la chaux pendant la défécation. C'est pour obvier à tous les graves inconvénients de la chaux que l'on a employé les filtrations au noir animal. Cette substance a donc pour but d'enlever la chaux qui a été employée, et qui était indispensable pour la défécation : c'est là le but de la filtration. La décoloration n'est qu'un avantage de plus qu'elle présente, mais n'est pas l'effet qui la rend indispensable. Ainsi, jusqu'à ce que la science trouve l'emploi d'une nouvelle substance manufacturière qui offre les avantages de la chaux sans en avoir les inconvénients, l'emploi du noir animal est indispensable pour une bonne fabrication.

DE L'ÉVAPORATION.

De la grande, le vesou passe dans quatre chaudières successives, qui sont la propre, le flambeau, le sirop, et la batterie, où se tire la cuite. Dans quelques équipages, le sirop est supprimé. Ces chaudières ne servent qu'à l'évaporation; le jus y est maintenu autant que possible à l'ébullition. Comme l'épuration des écumes n'a pu être complétement terminée dans la grande, on les voit surnager à la mousse, et on les fait passer suc-

cessivement d'une chaudière dans l'autre en allant vers la grande. On opère bien ainsi un la-
vage successif de ces écumes, mais sans moyen de
les enlever de la grande. La concentration du jus
se termine dans la batterie ; la cuite se tire généralement au crochet fort, correspondant à 112°
centigrades sous la pression atmosphérique ordinaire de 0^m,76 de mercure. La cuite ne peut se
retirer que successivement de la batterie, et,
comme cette opération dure près de trois minutes, il en résulte que, lorsqu'on retire la première
mesure, la cuite ne doit être qu'au crochet plus
ou moins faible, suivant l'activité que l'on met à
cette opération, suivant la chaleur du foyer : car,
bien que l'on retire le feu lorsqu'on travaille avec
soin, les parois du fourneau développent encore
une chaleur excessive, et qui fait caraméliser les
parties de cuite qui glissent sur les côtés de la
chaudière. Aussi, lorsqu'il ne reste plus que peu
de cuite, on se hâte d'y verser le jus qui se trouve
dans la chaudière à côté, pour empêcher cette
cuite de caraméliser, ce qui colorerait la cuite
suivante. Aucun autre incident chimique ne se
passe pendant l'évaporation ; mais le moyen de
l'obtenir n'est pas économique, à cause de la forme des chaudières et de leur nature. Nous remar.
querons que c'est au moment où le sirop est le
plus susceptible de se détériorer par une forte
température, lorsqu'il est le plus concentré, qu'il

est pourtant exposé à la chaleur la plus vive ; qu'enfin, dans la batterie, il y a une perte de sucre qui devient caramel et colore fortement le sirop qu'on y met ensuite, et qu'enfin cette opération est fort longue, ce qui nuit à la qualité comme à la quantité du produit, ces deux résultats étant dépendants l'un de l'autre, comme l'a fort bien démontré **M. Péligot** dans son rapport à M. l'amiral Duperré. Ainsi, la quantité de produits cristallisés qu'on obtient d'un vesou est d'autant plus considérable que le sucre est plus beau. J'insiste sur ce résultat, parce que la plupart des créoles ont pensé long-temps que la qualité au contraire ne s'obtenait qu'aux dépens de la quantité : ce qui a bien quelque espèce de fondement lorsque cette amélioration de qualité n'est que le résultat d'une cuite plus faible, c'est-à-dire que la cuite, étant moins concentrée, est exposée moins long-temps à l'action délétère d'une forte température, et que, ne recuisant pas les sirops d'égout, on perd tout le sucre que l'excès d'eau de cette cuite retient en dissolution.

DE LA CUITE.

Comme nous l'avons vu, la transformation du vesou déféqué en cuite est une simple évaporation, dont la rapidité est le plus grand élément de succès. Plus l'opération dure long-temps, dans des circonstances égales d'ailleurs, plus la cuite est serrée, c'est-à-dire moins elle contient d'eau, et par conséquent plus elle donnera de sucre a-près l'égouttage. En effet, l'eau qui était contenue dans le vesou n'a pu être expulsée en entier de la cuite, afin d'éviter la caramélisation; il en reste une partie, qui est d'autant moins considérable que la cuite est plus serrée, ou que l'évaporation, dans des circonstances égales, a duré plus long-temps. Cette partie d'eau, qui peut dissoudre à la température de la cuite tout le sucre avec lequel elle est mélangée, en abandonnera une certaine quantité à mesure qu'elle se refroidira, et enfin à la température ambiante elle ne dissoudra plus que deux parties de sucre pour une d'eau. Ce sont ces deux parties de sucre et une d'eau qui forment le sirop d'égout, et le reste de la cuite sera le sucre cristallisé. Donc, moins il y aura d'eau dans la cuite, moins elle donnera de sirop, et plus on en obtiendra de sucre; mais ne perdons pas de vue que cette cuite ne peut être obtenue qu'à une basse température, et qu'elle est dépendante de l'épuration du jus qu'on travaille.

On trouvera dans le *Cours de chimie organique* publié par M. Knab, déjà cité page 135, un tableau indiquant la quantité de sucre et de sirop qu'on obtient de telle ou telle autre cuite, lorsque ces cuites ont été obtenues avec soin à

l'air libre et sous la pression ordinaire. De la batterie la cuite est portée dans le rafraîchissoir. Le
nom de cette chaudière semble indiquer l'usage
auquel on la destinait autrefois; mais actuellement elle ne sert qu'à réunir deux batteries successives pour les mélanger ensemble, permettre
de corriger par la seconde batterie les fautes que
l'on pourrait faire dans la première, et donner
ainsi plus de régularité aux produits. Mais, en
opérant ainsi, le but de cette chaudière est presque totalement manqué ; la cuite reste long-
temps à la température élevée qu'elle a en sortant
de la batterie, ce qui nuit à sa cristallisation régulière, et augmente les causes de détérioration :
car il a été prouvé par de nombreuses expériences que la cuite se dispose d'autant mieux en
cristaux réguliers que sa température est plus
rapprochée de 80° centigrades sous la pression
atmosphérique ordinaire. Il faudrait donc ra-
fraîchir la cuite au sortir de la batterie, de manière que, de 112° qu'elle marquait, elle ne
marque plus que 80° centigrades, et profiter de
ce moment pour la mettre en forme et l'abandonner à la cristallisation.

DE LA CRISTALLISATION ET DE L'EGOUTTAGE.

Mise dans les formes avec assez de soin pour
bien répartir les cristaux déjà formés, mais sans

avoir égard à la température de l'enformage, on abandonne la cuite à elle-même pendant douze heures pour laisser s'opérer la cristallisation. Au bout de ce temps, sans avoir égard à la température de la forme, on dépote le sucre, et on le hache dans les boucauts où se fait l'égouttage par des trous laissés à leur fond. Mais comme on n'a pas attendu pour dépoter les formes qu'elles aient la température ambiante, il s'ensuit, l'eau contenue dans la cuite dissolvant une quantité de sucre d'autant plus grande que sa température est plus élevée; il s'ensuit, dis-je, que le sirop à cette température contient plus des deux tiers de son poids en sucre : de là la cause qui fait que le sirop d'égout marque généralement plus de 37° Baumé, que la cuite rend moins de sucre qu'elle ne doit en rendre, et que le sirop en se refroidissant dépose sur les limandes une quantité de sucre qui concourt à détériorer le sirop d'égout, comme nous le verrons tout à l'heure. Enfin ce hachage du sucre rompt les cristaux, fait mettre les parties anguleuses dans les cavités en les mélangeant, et nuit par conséquent à l'égouttage. Pourtant, quand ce hachage est tellement menu qu'il met pour ainsi dire le sucre en pâte, il offre moins d'inconvénients. Le sirop encore chaud qui y est renfermé aide alors à une nouvelle cristallisation, mais qui n'est jamais aussi parfaite que la première, et qui nuit par conséquent à l'égouttage. Cette opération est d'autant mieux faite que les cristaux sont mieux formés ; et ils se forment d'autant mieux que la cristallisation est plus lente, que le changement de température est moins rapide, de 80° centigrades à la température ambiante. Les formes ou cristallisoires doivent donc êtremises dans un endroit chauffé et sec, où elles se refroidiront lentement. Enfin l'égouttage du sucre en boucauts offre encore l'inconvénient que les couches inférieures de sucre ne peuvent laisser passer le sirop qui provient des couches supérieures, de manière que ce sirop reste mélangé avec le sucre, contribue à sa coloration, à sa détérioration, et se perd ensuite en partie lorsque les boucauts se trouvent transportés et échauffés par la chaleur de la cale d'un navire.

DU SIROP.

Le sirop d'égout tombe sur des limandes en bois, quelquefois en maçonnerie, et même en terre. Les pentes sont peu inclinées, ce qui le force d'y séjourner long-temps avant d'arriver à la citerne. La forme des limandes, comme leur nature, permet au sirop d'y pénétrer, de se corrompre encore davantage, et de corrompre en même temps une partie de celui qui y passe. Enfin, le temps qui s'écoule avant que les sirops soient recuits, quand toutefois cette opération a lieu, est encore une des difficultés les plus importantes qui s'opposent à la recuite des sirops, en augmentant les parties acides et fermentescibles. Pour montrer comment s'établit cette fermentation, nous dirons d'abord qu'un sirop ne peut se conserver qu'autant qu'il a le degré de concentration exactement convenable, et par conséquent qu'il est maintenu à ce degré, qui correspond à 37° Baumé, à 15° centigrades. Or un sirop exposé à l'air libre sur une aussi grande surface, comme l'est celui sur les limandes, fût-il d'abord au degré convenable, ce qui n'arrive jamais à cause de la température de l'égouttage, laissera bientôt s'évaporer une partie de l'eau qu'il contient, et deviendra dès lors trop concentré. Le sucre qui se trouve en excès se dépose en cristaux au fond des limandes, et, une fois qu'il y en a une certaine quantité de formé, ces cristaux réagissent sur la dissolution, et déterminent le dépôt d'une nouvelle quantité de sucre, qui est encore aidé par l'évaporation du sirop. Ce dernier s'appauvrit donc en sucre, et devient par cela même plus altérable, le sucre étant conservateur par excellence; il en résulte que le sirop est bientôt dans les mêmes circonstances que s'il n'avait pas été assez cuit. Dans ce cas, la fermentation s'établit dans le sirop; il prend un goût acide et perd ses facultés cristallisables. Voilà ce qui donne tant de peine à obtenir du sucre d'un sirop exposé quelque temps aux phénomènes que nous venons de décrire.

Le sirop réuni dans des citernes, lorsqu'il n'est pas recuit, est vendu aux Américains à de très bas prix, faute d'en avoir l'emploi. Dans quelques sucreries cependant on travaille ce sirop pour le convertir en tafia ou rhum. Nous allons comparer les différents produits qu'on tire du sirop suivant la manière dont on s'en défait.

DE L'EMPLOI DU SIROP.

Le gallon, qui est la mesure usuelle aux colonies, égale $4^l,5434$. Nous supposerons le prix du sirop à $0^f,60$ le gallon; celui du tafia à $0^f,90$, et le sucre de sirop à 20 fr. les 100 demi-kilog. Dans le calcul du rendement du sirop en sucre, nous supposerons qu'on a recuit deux fois les sirops, et qu'ils ont été employés avant la fermentation.

1000 litres de sirop ou 220 gallons vendus à raison de $0^f,60$ le gallon rapportent 132 fr.

Si on convertit le sirop en rhum, et qu'il rende gallon pour gallon, ce qui est un maximum, il rapportera, sauf déduction des frais d'appareils, de chauffage et de main d'œuvre, qui lui sont parti-

culiers, sous cette forme 1000 litres ou 220 gallons de rhum, à 0^f,90 le gallon, d'une valeur de
198 fr. Enfin, dans la transformation du sirop en
sucre, il n'y a pas d'appareils particuliers : cela
exige moins de combustible et de main d'œuvre
que la transformation du sirop en rhum, et l'on
a par une première cuite, en supposant qu'elle
ne donne en sucre cristallisé que 33 p. 100 du
sirop, et 44 p. 100 en sirop de second égout, toujours du poids du sirop sur lequel on a opéré, on
aura, dis-je, 330 kilog. de sucre, à 20 fr. les 100
demi-kilog., ce qui fait 132   »

400 litres de sirop ou 96 gallons, à
0^f,60 le gallon, font 57 60
                                         ______
                                         189 60

Par une bonne fabrication on obtiendrait
37 p. 100 en sucre, et 40 p. 100 en sirop de second égout, du poids du sirop primitif.

Si l'on suppose qu'on recuise ces mêmes se-
conds sirops et qu'on obtienne un rendement
proportionnel au premier, les sirops recuits deux
fois rendront en sucre de premier jet .   132,00
145 kil. de sucre de second jet à 20 fr.
les 100 demi kilog.   57,00
183 litres de sirop ou 40 gallons à 60 c.
le gallon   24,00
                                           ______
                                           213,00

En comparant ces résultats, l'on voit qu'il y a avantage à recuire les sirops, mais qu'une seule cuite suffit lorsque la fabrication ne rend pas un meilleur résultat.

DU SUCRE DE SIROP.

Le sirop, d'après ce que nous avons vu, n'est autre chose qu'une eau-mère qui abandonne le sucre lors de sa cristallisation, et qui à son tour peut être évaporée et traitée comme on l'a fait pour le premier jus, et ainsi successivement. Ce sirop devient identique au premier jus traité; comme lui il contient les sels solubles du vesou et les sels calcaires solubles formés par la défécation. Les substances autres qu'il renferme sont le résultat d'une mauvaise fabrication ou de l'imperfection de la méthode qu'on emploie. Quelques habitants ont reconnu l'avantage de faire du sucre de sirop; ils le traitent en l'évaporant dans leurs chaudières de cuite, ou dans un équipage à part, mais analogue; presque tous font la grave faute de l'étendre d'eau, ce qui ne sert qu'à le faire rester plus long-temps exposé à l'ardeur du feu, et par conséquent à détériorer la cuite. Lorsqu'on veut faire subir une filtration au sirop avant de le cuire, alors il devient indispensable de l'étendre pour faciliter sa filtration à travers les couches du noir en grain d'un filtre Dumont;

mais, au lieu de le mêler avec de l'eau, il suffit de le mélanger avec la moitié de son volume de vesou. Un pareil mélange, quand le vesou pèse 10 degrés 15' Baumé, doit peser 29 degrés Baumé à 15° cent. On y verse la chaux comme dans la défécation, on y mêle quelquefois un peu de noir fin, et l'on filtre au moment où commencerait l'ébullition, en faisant d'abord passer ce jus dans un sac ou mieux encore dans un filtre Taylor, puis sur un filtre Dumont. En cuisant un sirop ainsi travaillé, on obtiendra de plus beau sucre qu'en premier jet sans filtration; mais c'est ici le lieu d'ajouter qu'un des perfectionnements à ajouter encore à la fabrication du sucre, et qu'on doive se proposer de chercher, est une méthode manufacturière d'aider et de hâter l'égouttage des sirops ; cela rendrait un sirop plus pur, en diminuant la main-d'œuvre et les bâtiments d'exploitation.

FABRICATION PERFECTIONNÉE.

De ce qui précède sur la fabrication actuelle chacun peut déduire les améliorations partielles à introduire dans son usine. Je ne traite donc dans ce chapitre qu'un système général de fabrication, qui en est le résumé. Je n'indiquerai pas les appareils à employer; tous ceux appliqués à la fabrication du sucre de betterave peuvent s'appliquer à celle du sucre de cannes. Je di-

rai seulement que j'ai vu chez MM. Mazelines, ingénieurs à Graville, près le Havre, les appareils les
mieux combinés pour l'établissement d'une usine
cuisant à la vapeur. Ces messieurs se sont parti-
culièrement occupés de ce qui touche à l'industrie
coloniale et peuvent à ce sujet fournir des renseignements précis et des machines qui peuvent y
être montées et employées avec avantage. Mais
c'est à l'industriel, au manufacturier, à choisir celles dont il connaît les meilleurs résultats, pourvu
qu'elles répondent au système que j'indique : disparition instantanée de la chaleur pour la défécation , et cuite obtenue à une température
régulière et peu élevée. Les cannes seront reçues
sous un hangar qui les mettra à l'abri de la pluie
et du soleil; elles ne seront pas coupées long-temps
avant de pouvoir être travaillées ; elles seront
portées au moulin par une toile sans fin. Une
autre toile sans fin mène la bagasse dans un ate-
lier de dessiccation, et de là elle est portée au
chauffeur. Le vesou, en sortant des rôles, tombera
sur trois tamis superposés, de toile métallique
en cuivre; le tamis le plus gros sera du numéro
38, le plus fin du numéro 5o. Au dessous des tamis il sera reçu dans une cuve à double fond en
fonte chauffée à la vapeur, et sera mené par un
conduit couvert et doublé de laiton dans une
chaudière pareillement chauffée à la vapeur.
Dans cette chaudière le vesou ne dépassera jamais

8o° centigrades, il sera écumé avec une écumoire très fine de toile métallique du numéro 6o, et, à mesure qu'on aura besoin de vesou pour les défécations, on le tirera de cette chaudière en le faisant passer à travers une poche en drap, de manière à ce qu'il soit parfaitement limpide en sortant de cette poche, et que l'albumine végétale qui a été concrétée y soit retenue.

Arrivé dans les défécateurs, lorsque le vesou y a une température de 6o° à 7o° centigrades, on y versera l'eau de chaux bouillante, en quantité nécessaire, mais bien minime toutefois en proportion du vesou. On remuera un moment le liquide; puis, le laissant reposer, on continuera de chauffer jusqu'à ce que le premier bouillon apparaisse. On arrêtera aussitôt le feu et on tirera au clair; mais cette disparition instantanée du feu ne peut avoir lieu que par la vapeur, et le tirage au clair par une ouverture oblique.

Le vesou clair coulera sur des filtres à noir en gros grains. Ce noir absorbera la chaux qu'il contient. Dès que le vesou arrivera trouble, on fermera le robinet à clair pour ne pas encrasser les filtres, et on mettra le vesou trouble dans des sacs de grosse toile, qui d'abord seront suspendus à des châssis pour égoutter, puis soumis à la presse. Le jus qu'on en extraira ira sur les filtres à vesou. Le foyer des chaudières d'évaporation sera le prolongement de celui des générateurs. Le vesou des filtres, après avoir été reçu dans un réservoir, sera porté à évaporer dans ces chaudières. L'évaporation du jus jusqu'à 29° Baumé à 15° centigrades sera faite à feu nu, parce que c'est la manière la plus économique pour le chauffage et l'installation, lorsqu'elle n'exige pas toutefois un foyer séparé. Les chaudières offriront une grande surface de chauffe. Pour arriver à 29° Baumé à 15° centigrades, en traitant un vesou qui marquait d'abord 10° 15' Baumé à 15° centigrades, il faut évaporer 65 p. 100 du poids primitif de ce vesou.

Arrivé à ce degré, le vesou sera reçu dans un réservoir pour fournir à la chaudière de cuite ; mais il faudra avoir soin d'intercepter le feu lorsqu'on déchargera ces chaudières dans le réservoir. Mais, pour que l'on puisse cuire à une basse température afin de ne pas détériorer le sucre, et pour que d'un autre côté on puisse arrêter le feu dès que la cuite est au point convenable, il faut que la chaudière soit chauffée à la vapeur. La cuite, en tombant dans le rafraichissoir, étant à une température de 115° à 119° centigrades, sera refroidie en la battant jusqu'à ce qu'elle ait de 80° à 84° centigrades lorsqu'on enformera, ou bien en faisant arriver un filet d'eau autour du rafraîchissoir. La concentration des sirops de 29° Baumé, 15° centigrades, jusqu'à la cuite correspondante à 119° centigrades à l'air libre, évapore 14,5 p. 100 du poids primitif d'un vesou à 10° 15' Baumé à 15° centigrades, et 40,5 p. 100 du poids d'un sirop à 29° Baumé à 15° centigrades. Je ne parle pas de la cuite dans le vide, parce qu'elle exige un appareil très compliqué, très cher, difficile à diriger, et indispensable seulement pour la recuite des sirops de basse qualité, pour la concentration desquels il faut une température d'autant plus basse que ces produits sont plus viciés; mais on en trouve la consommation sur les habitations. Je suis loin de dire que ce n'est pas un perfectionnement immense, surtout pour l'économie de temps. Mais notre fabrication n'a pas assez de jus à disposer à la fois pour que ce procédé nous soit avantageux.

Du rafraîchissoir, la cuite sera mise dans des cristallisoires peu profonds, soumise au commencement de la cristallisation à une température de 50° centigrades, qu'on laissera s'abaisser insensiblement pour que la cristallisation s'opère lentement; puis, lorsqu'ils auront la température ambiante, on fera égoutter les sirops de ces cristallisoires. Comme l'on voit, l'ordre de la cristallisation n'est point interrompu, et les sirops reçus sur des limandes inclinées, couvertes en zinc, seront recuits dès qu'on les obtiendra. A cet effet, on les mélangera avec la moitié de leur volume de vesou; ils marqueront alors à peu près 29° Baumé à 15° centigrades ; on les déféquera en les mélangeant avec un peu de noir fin; on les fera passer d'abord dans des filtres Taylor, puis sur des filtres Dumont, et du réservoir ils iront à la chaudière de cuite. La cuite correspondra à 119° centigrades à l'air libre, et pour obtenir ce résultat on évaporera 40,5 p. 100 du poids du mélange. Suivant la qualité du sucre obtenu, on ne conservera que des sirops de troisième et peut-être même de quatrième jet. Moins le sirop sur lequel on opère est riche, moins il contient de cristaux, plus il faut serrer la cuite.

Au bout de dix à douze jours d'égout, la partie non égouttée sera séparée de celle qui l'est ; et toutes ces têtes non égouttées seront mises ensemble à égoutter encore dix jours dans une salle chauffée à 50° centigrades. Enfin celles qui resteront encore sirupeuses seront refondues avec le vesou.

Les parties égouttées seront hâchées au coupe-racines, et mises ainsi en boucaut ou en magasin.

On peut se servir avec avantage, pour l'égout-tage et la cristallisation, d'un vase de petite dimension, à fond rectangulaire, et dont la coupe est un trapèze évasé par le haut; le cristallisoir est mis sur champ pour l'égoutage. Il évite les frais occasionnés par le matériel des formes de terre cuite.

Par les moyens que je viens d'indiquer, on peut obtenir un rendement bien plus considérable du vesou en sucre; mais il faut indispensablement l'emploi de la vapeur pour la défécation et pour la cuite. Ces appareils sont coûteux, et d'un montage assez difficile. Il faut donc des gens spéciaux pour les diriger, et il faut qu'ils puissent opérer sur une assez grande échelle, sur une fabrication assez étendue pour pouvoir se dédommager de leurs frais de fabrication. Ces nouveaux procédés, bien employés, donneraient après trois cuites successives 17 p. 100 en sucre cristallisé, du poids d'un vesou marquant 10° 15′ Baumé à 15° centigrades. Maintenant on obtient 12,11 p. 100 d'un même vesou. Le bénéfice de cette fabrication est donc de 40,37 p. 100 sur ce qu'on obtient maintenant.

En marquant le degré de l'aréomètre que pèse un vesou, j'ai toujours eu soin de mettre à côté le degré du thermomètre centigrade que marquait le même vesou lorsque l'aréomètre y était plongé. C'est parce que la température du jus influe sur

le degré que marque l'aréomètre. Plus la température du liquide est élevée, et plus l'aréomètre
s'enfonce sans que pour cela la densité ait changé.
Ainsi le même sirop composé de deux parties de
sucre et une partie d'eau, et dont la densité est
1345,29, marque à l'aréomètre Baumé 37°,
lorsque le liquide marque en même temps 15° centigrades, tandis que l'aréomètre Baumé ne marque
plus que 33° lorsque le thermomètre plongé dans
ce liquide arrive à 103° centigrades. C'est cette
différence de température qui explique la différence de densité trouvée pour un même vesou; ce
vesou pesé à l'aréomètre Baumé marquait en
France 11° 8' à 5° centigrades de température,
tandis que pesé à la Martinique à environ 25°
centigrades il devait marquer au plus 10° 6'
Baumé.

DU COMBUSTIBLE.

Le combustible dont on se sert aux colonies se
nomme bagasse; il est composé de tissus de la
canne et du jus que laisse la pression exercée par le
moulin. On ne l'emploie que lorsqu'il a perdu
une partie de l'eau qu'il contenait. A cet effet la
bagasse est emmagasinée dans des cases dites
cases à bagasse. Ces bâtiments doivent être disposés de manière à être près du moulin et à laisser
pénétrer facilement l'air qui doit servir à la dessiccation. Ce combustible ne s'emploie guère que

orsqu'il ne contient plus que 20 p. 100 de son poids en eau. Mais lorsque ces cases sont mal disposées, lorsque l'approvisionnement n'est pas assez considérable, on l'emploie quand il contient plus d'eau, quelquefois 40 p. 100 de son poids ; ce qui est d'un très grand inconvénient pour obtenir un bon effet du combustible, cet effet étant toujours d'autant plus considérable qu'il contient moins d'eau.

Aucune expérience directe n'a été faite sur la bagasse ; je ne puis donc rien dire de bien positif sur ses qualités chimiques comme combustible ; mais je pense qu'en l'assimilant au bois fendu et contenant 20 p. 100 d'eau, on n'aura pas de grandes sources d'erreurs. Sous le rapport physique la bagasse offre de grands avantages : c'est un combustible qui n'est pas assez menu pour passer à travers des grils bien disposés, et pas assez gros pour empêcher l'air de le traverser facilement ; il a une flamme longue et très active et ne laisse que peu de scories ; ces dernières proviennent de la quantité de sucre restant dans les bagasses. Cependant le peu de données que l'on a sur la nature de ce combustible sera une des plus grandes difficultés que pourra vaincre l'ingénieur chargé de monter le premier appareil que l'on voudra disposer sur des bases raisonnées et économiques. Je pense qu'il serait avantageux

de se servir de ce combustible sous une couche
de 0^m,10 d'épaisseur. On augmenterait encore la
quantité de combustible fournie par les cannes
si, après avoir pressé et séché les écumes, on les
mélangeait à la bagasse; la quantité considérable
de leur poids, 50 p. 100, que les écumes contien-
nent en cérosie ou cire, en ferait un très bon
chauffage. On pourrait joindre à cela les racines
ou plants des cannes; on pourrait les recueillir
lorsqu'on ne laisse pas venir de rejetons, et cela
augmenterait au moins de 5 p. 100 la quantité de
combustible dont on a à disposer maintenant, et
qui, avec une construction de foyer bien entendue, serait plus que suffisante pour faire face à
l'évaporation des jus.

DES FOURNEAUX.

Dans la disposition actuelle des fourneaux, le
combustible se met immédiatement sous la batterie; il est supporté par des grils en fonte. Ces grils
ont un mètre de long; leur section transversale
est un carré dont chaque côté a 0^m,10 de longueur. La surface totale de la grille est une circonférence dont le diamètre est de 100, ce qui
donne pour surface ω R^2 = 0^{mq},785. L'espace vide
entre les grils est à peu près égal à l'espace plein,
ce qui donne 0^{mq},392 pour chacun. Mais aucune
de ces dimensions n'est bien fixe. Les grils

sont scellés dans le fourneau aux deux extrémités. Enfin la distance des grils au fond de la batterie est d'environ $0^m,60$. Il n'y a pas de portes
au fourneau; l'ouverture pour mettre le combustible est d'environ $1^{mq},16$. Le cendrier n'a pas non
plus de portes; il a une largeur d'environ $1^m,00$ sur
$0^m,80$ de haut de la grille à terre. Les carneaux
varient suivant chaque maître maçon; toujours
est-il qu'ils vont en s'élargissant de la batterie à
la grande; mais le passage de la grande à la cheminée se rétrécit beaucoup : il est généralement
de $0^{mq},25$. La longueur que la flamme parcourt
jusqu'au bas de la cheminée est de 8 à 9 mètres.
Le courant de la flamme est en sens inverse de
la densité du liquide. La cheminée a pour hauteur généralement la longueur du carneau, c'est-
à-dire de 8 à 9 mètres. Les cheminées sont généralement rétrécies par le haut. Cette section est
ordinairement de $0^{mq},108$ ou un carré ayant $0^m,33$
de côté. La section du bas de la cheminée est de
$0^{mq},36$ ou un carré ayant $0^m,60$ de côté. Dans les
changements de direction des carneaux les coudes
ne sont point arrondis, et ces changements de direction sont brusques. Avec une semblable construction l'on peut conclure qu'un pareil fourneau n'utilise pas $0^m,25$ de la chaleur développée
par le combustible, et cependant 100 kil. de combustible suffisent à l'évaporation de 275 litres
d'eau dans les circonstances actuelles.

Avant de détailler les défauts de cette construction, je vais entrer dans quelques considérations générales sur les fourneaux. Elles ont été tirées de la 3ᵉ éd. de l'*Aide-Mémoire mécanique pratique*, par M. A. Morin, et de la deuxième édition du *Traité de la chaleur*, par M. Péclet.

Un fourneau se compose du foyer, des carneaux et de la cheminée. Le foyer se compose de la porte qui donne accès au combustible, de la grille sur laquelle il est étendu, du cendrier qui donne accès à l'air qui vient aider la combustion, et sert à recevoir les cendres. Les carneaux servent à utiliser les gaz qui se dégagent du combustible pendant le trajet qu'ils sont obligés de faire jusqu'au bas de la cheminée. Enfin la cheminée sert à appeler l'air nécessaire à la combustion, et à le laisser s'échapper par son sommet lorsqu'il a perdu une partie ou la totalité de son oxygène, qui se décompose en passant dans le foyer. Cela posé, comme un kilogramme de combustible ne décompose qu'une quantité donnée d'air, qu'il restitue sous un volume donné de gaz, il en résulte 1° qu'il faut que la cheminée puisse appeler dans le foyer et à travers la grille la quantité d'air nécessaire à la combustion du poids donné de combustible, et qu'elle puisse ensuite laisser échapper le volume de gaz formé. Les dimensions de la cheminée seront donc dé duites du poids du combustible à brûler par heure. Sa hauteur influe beaucoup sur son tirage; on la déterminera à volonté suivant les localités, ayant toutefois égard à son influence, qui diminue ses autres dimensions. Supposons que nous puissions facilement construire une cheminée de 15^{m},oo de hauteur. La forme la plus avantageuse à lui donner est la forme conique; mais, comme cela entraîne dans une construction difficile, on pourra la faire prismatique, les sections de sa base et de son sommet étant des carrés. Supposons que nous puissions brûler par heure 3oo kilog. de bagasse, nous voulons connaître la section à donner au haut d'une cheminée de 15 mètres. Des règles connues indiquent que cette section devra avoir un décimètre carré par 12 kilog. de bagasse, ce qui lui donnera $\frac{300}{12} = 25$ décimètres carrés, ou un carré de 0^{m},5o de côté. La pente d'une telle cheminée doit être de 0^{m},o16 par mètre; la section de la base sera donc un carré de 0^{m},5o $+$ o,o16 $\times$ 15 $=$ 0^{m},74 de côté. Au bas de la cheminée, il faudra qu'il y ait une porte par laquelle on puisse facilement s'introduire pour la nettoyer, ainsi que les carneaux, et surtout le dessous des chaudières, ce qui est fort important pour que la chaleur puisse se transmettre facilement, et que le tirage soit actif. L'espace vide entre les grils devra être un peu plus grand que la section du sommet de la cheminée. L'espace plein dépend de la nature du combustible et de la forme à donner au gril pour la bagasse ; il peut être égal à l'espace vide, et des grils à forme en coin et de 0,03 d'épaisseur au sommet peuvent parfaitement convenir ; il faudra avoir soin de les poser seulement sur la maçonnerie sans les sceller à leurs extrémités. Il doit y avoir une porte au foyer pour qu'il ne puisse pas s'introduire d'air sans être obligé de passer à travers la grille. C'est un inconvénient auquel on ne peut pas remédier pendant qu'on charge la grille de combustible. Enfin , le cendrier sera placé de manière à recevoir l'air extérieur ; il aura une porte que l'on fermera lorsqu'on voudra arrêter la combustion. Il sera avantageux de pouvoir y faire passer un petit courant d'eau. Le carneau aura dans toute sa longueur une section égale à celle du sommet de la cheminée. Il est nécessaire que la longueur des carneaux ne dépasse pas de beaucoup 60 fois le diamètre ou le côté du sommet de la cheminée ; si cette dimension de longueur devenait plus considérable il faudrait supposer à la cheminée à sa partie supérieure une section d'un décimètre carré par 10 kil. de bagasse à brûler par heure. La forme du carneau devra être telle, sa section étant connue, que le gaz échauffé puisse lécher la plus grande surface possible des chaudières et ne les abandonner que lorsqu'il est arrivé à 300° centigrades. Il sera toujours avantageux de donner à la cheminée une plus grande section, sans pourtant changer celle des carneaux ; on donnera ainsi à la cheminée un excès de puissance dont on peut avoir besoin quand le combustible n'est pas aussi sec, et que l'on peut réduire à volonté à l'aide du registre. Il est toujours utile qu'il n'y ait dans les carneaux que la maçonnerie strictement nécessaire au soutien des chaudières ; que les parois extérieures soient assez épaisses pour ne pas laisser pénétrer le froid extérieur, et qu'enfin la partie du carneau débouchant dans la cheminée soit en contre-bas de la surface de chauffe. Un fourneau étant construit, lorsqu'on ne trouve pas la combustion assez vive, on l'accélère en diminuant l'espace vide entre les grils ; on la retarde par le moyen inverse. Le gaz résidu de la combustion ne doit plus avoir que 250° C. au pied de la cheminée pour que le tirage se trouve dans de bonnes conditions.

De ce qui précède nous pouvons approximativement déduire les différentes données pour un fourneau bien construit et utilisant de 0,55 à 0,60 de la chaleur développée, et l'on peut en conclure les défauts de la construction actuelle.

Le combustible se met, disons-nous, sous la chaudière appelée batterie ; c'est donc dans cette chaudière que se fait sentir la plus forte chaleur,

car le combustible y agit, et par son rayonnement, et par les gaz qu'il développe, et cependant cette chaudière contient le sirop le plus facile à détériorer par une forte température; mais
comme d'un autre côté l'économie de combustible prescrit que la marche des liquides à échauf-
fer soit en sens inverse de celle des gaz échauf-
fants, il en résulte que, lorsque la cuite se fait à
feu nu, l'on ne peut éviter cet inconvénient; c'est
donc une raison de plus pour faire proscrire ce
genre de travail. Si en outre nous remarquons
que la batterie se trouve entièrement vide lorsqu'on vient d'en sortir la cuite, et que l'action de
la chaleur qui y est développée par les parois des
fourneaux, lorsque même on a eu soin d'enlever
le combustible, produit la caramélisation des parcelles de cuite qui y restent, tandis que l'air oc-
casionne des fissures dans la fonte de la chaudière, on comprendra que non seulement les chaudières doivent fuir quelquefois, mais même é-
clater par la force de la vapeur de l'eau qui entre
dans les fissures; alors le sirop se répand sur le
foyer incandescent, et brûle cruellement le chauffeur : j'ai été témoin d'un accident de ce genre.
Si donc on trouve de la difficulté à changer la
disposition du foyer, il sera toujours facile de
changer le métal de cette chaudière en la faisant
ou en tôle de fer ou en cuivre, ce qui évitera le
dernier inconvénient que je viens de signaler, et

qui est assez grave dans ses conséquences pour mériter cette attention.

La forme des grils empêche de pouvoir les rapprocher beaucoup sans diminuer considérablement l'espace libre; et comme leur partie inférieure ne s'amincit pas, il en résulterait en outre que les scories rempliraient les intervalles libres, et empêcheraient la cendre de tomber et l'air de venir aider à la combustion. L'écartement qu'on est obligé de leur laisser permet à une certaine quantité de combustible de tomber de la grille avant d'être consumée : il faut donc des grils plus étroits et des dimensions prescrites.

L'action de la chaleur agissant d'autant plus activement sur les métaux qu'ils sont sous des dimensions plus considérables, les grils doivent donc considérablement s'allonger par cet effet. Comme d'un autre côté ils sont scellés dans la maçonnerie, il en résulte ou que les grils se tordent ou que la maçonnerie cède, ce qui oblige à des réparations et à des changements très fréquents. Les grils seront donc simplement posés sur la maçonnerie sans être scellés aux deux extrémités.

L'absence de porte au foyer permet à l'air de s'y introduire sans passer à travers la grille, et augmente donc la quantité d'air fourni à la combustion. Cette quantité arrive en excès, donne un gaz qui contient trop d'oxygène, et nuit par conséquent au bon tirage, ralentit la combustion, et explique l'apparition de la flamme au haut de la cheminée, ce qu'on regarde avec erreur comme une preuve d'un bon tirage, et ce qui ne prouve ou qu'un excès d'air pour la combustion, ou bien encore l'humidité du chauffage. Il faut donc une porte au foyer pour obvier à cet inconvénient : on ne la tiendra ouverte que lorsqu'on le chargera; si on peut la mettre à l'abri d'un courant d'air, ce sera toujours avantageux.

Le cendrier n'ayant pas non plus de portes, l'air y circule librement, ce qui ôte les moyens d'arrêter la combustion; aussi les foyers restent-ils long-temps incandescents après la fabrication, ce qui cause quelquefois de graves dommages aux bâtiments d'exploitation. Il faut donc une porte au cendrier, qu'on fermera lorsqu'on voudra faire cesser la combustion, soit pour tirer la batterie, soit que la fabrication soit arrêtée. Dans tous les cas, il faut donner de grandes dimensions au cendrier, ne pas y laisser séjourner la cendre chaude, et le placer de manière à ce qu'il reçoive facilement un courant d'air. Les différentes surfaces des carneaux, ainsi que la petite section de la cheminée, ne servent qu'à nuire à l'activité de la combustion; et d'après les principes énoncés plus haut, l'on conçoit qu'un fourneau construit pour une quantité donnée de combustible, et produisant de bons effets, puisse produire de mauvais effets avec une autre quantité de combustible. Le haut des carneaux doit toujours être le plus près possible du fond des chaudières, pour qu'elles soient léchées par le gaz échauffant. Les autres détails des fourneaux se déduisent des principes énoncés précédemment.

DE L'ÉVAPORATION.

Cette opération consiste à recueillir les matières fixes en les séparant des matières volatiles. L'évaporation se fait par la surface des liquides; elle croît avec cette surface, et elle est d'autant plus active que la surface du liquide est plus étendue, que la différence de température de l'air et du liquide est plus considérable, que l'air est plus sec, et qu'il est plus fortement agité.

La profondeur du liquide n'a pas d'influence sur son évaporation; on n'y aura égard dans la fabrication du sucre que parce que le contact prolongé de la chaleur et de l'air nuit à la qualité du sirop. On doit en outre, dans cette opération, avoir égard à la surface de chauffe, à la forme

de la chaudière, à la nature du métal, à son épaisseur, et à la grandeur de la chaudière.

On nomme surface de chauffe toute la partie
de la chaudière qui se trouve en contact avec le
gaz qui provient du foyer. La partie de la surface de chauffe qui se trouve au dessus du foyer
est non seulement échauffée par le courant du gaz,
mais encore par le rayonnement du combustible.
De nombreuses expériences ont prouvé que dans
des fourneaux bien disposés un mètre carré de
surface de chauffe évapore par heure de quinze à
vingt litres d'eau.

La forme de la chaudière doit être telle qu'elle
puisse résister aux altérations que peuvent produire la dilatation du gaz, l'effet extérieur de la
chaleur et le poids du liquide. Pour les chaudières
évaporant à l'air libre, on doit seulement avoir
égard aux deux dernières considérations. Une
forme un peu arrondie de la surface permet les
effets de la dilatation du métal, sans altérer sensiblement la forme. La chaudière doit en outre
être assez allongée, afin de permettre au gaz échauffé de l'accompagner plus long-temps, et de ne pas
contrarier le courant de la veine fluide.

La nature du métal dépend surtout de son prix
et de sa durée ; la fonte, la tôle et le cuivre, sont

les trois entre lesquels on peut choisir : le cuivre, quoique un peu plus cher que les deux autres, offre une si grande facilité de fabrication et de nettoyage, que l'on doit lui donner la préférence sur les deux autres pour les chaudières à évaporer les sirops à l'air libre. La fonte a l'inconvénient de se casser par les changements brusques de température. L'épaisseur du métal n'a que peu d'influence sur la transmission de la chaleur de l'intérieur à l'extérieur. Cependant, comme le poids du métal influe sensiblement sur sa déformation, on les fera aussi minces que possible en calculant toutefois les résistances qu'elles doivent supporter ; du cuivre de 1 millimètre d'épaisseur suffirait pour des chaudières évaporant à feu nu et à l'air libre.

D'après ce qui précède, la capacité de la chaudière doit être déterminée de manière à ce que la surface de chauffe et celle d'évaporation soient les plus grandes possibles, la surface de chauffe étant déterminée par la construction du fourneau. La chaudière doit en outre contenir assez de liquide pour que la surface de chauffe n'en soit jamais dégarnie, et d'un autre côté elle ne doit pas en avoir beaucoup au dessus de ce point, pour que le sirop ne reste pas trop long-temps inutilement exposé au contact de la chaleur. Enfin il doit y avoir au dessus des chaudières d'évaporation une cheminée d'aspiration de la vapeur, afin d'emporter l'air déjà saturé de vapeur d'eau, et qui par sa présence retarde l'évaporation du liquide.

Nous venons d'indiquer les causes d'une bonne évaporation : voyons donc la disposition actuelle.

Les chaudières sont au nombre de cinq ; elles sont en fonte de 0,01 d'épaisseur, et d'une forme demi-sphérique ; elles sont scellées dans la maçonnerie, et maintenues par des oreilles en fonte, placées à $0^m,15$ au dessous de leur bord supérieur ; la partie supérieure à ses oreilles ne fait donc pas partie de la surface de chauffe. Nous remarquerons en outre que, par la forme de la chaudière et des carneaux, le courant du gaz ne lèche qu'une bien petite partie de la chaudière. La somme des calottes sphériques formant la surface de chauffe est de $7^{mc},56$ carrés, la surface d'évaporation est de $14^{mc},25$ carrés ; le jus est sous une épaisseur de $1^m,20$ dans la grande, allant en diminuant jusqu'à $0^m,60$ dans la batterie. Cette évaporation a lieu le liquide étant en ébullition ; mais la rapidité avec laquelle la vapeur se condense prouve l'insuffisance ou de la surface d'évaporation relativement à la surface de chauffe, ou de la quantité d'air à saturer.

La nature du métal et son épaisseur sont cause d'une prompte détérioration pour la batterie surtout, qui est exposée à des courants d'air froid entrant par la porte du foyer. La surface de chauffe est fort petite comparativement aux dimensions des carneaux, dont une grande partie est occupée par la maçonnerie qui soutient les chaudières. La surface d'évaporation, comme celle de chauffe, pourrait être de beaucoup augmentée, car le gaz, en les abandonnant, est encore à la chaleur rouge 649° centigrades, et pourrait encore être utilisé sur d'autres chaudières qui ne l'abandonneraient que lorsqu'il serait arrivé à 300° centigrades ; le tirage en serait plus actif. Les chaudières sont pleines d'une trop grande quantité de jus à la fois, ce qui ne sert qu'à le faire rester plus long-temps sur le feu, et à le détériorer inutilement. L'évaporation dans ces chaudières, le foyer étant chargé de 175 kilog. de bagasse à l'heure, correspond à près de 64 litres d'eau par mètre carré de surface de chauffe, et à 34 litres d'eau par mètre carré de surface d'évaporation, ce qui peut donner l'idée de la valeur de la bagasse comme combustible.

CONCLUSION.

Je croirai être arrivé au but que je me proposais si je suis parvenu à prouver aux créoles qu'ils

sont loin d'avoir obtenu la perfection de leur fabrication, et que les éléments de succès pour les
améliorations dépendent de sciences positives ;
qu'ils ne peuvent réussir qu'en quittant une routine ruineuse pour s'adresser à des gens spéciaux :
ingénieurs pour les constructions , raffineurs et
chimistes pour la fabrication.

S'ils comprennent bien l'ensemble et les diffi·
cultés de la construction et de la fabrication, ils
verront qu'elles exigent des connaissances trop
variées et trop approfondies pour qu'ils puissent
espérer les diriger. Ils pourront se rendre compte
de l'avantage d'une usine‑modèle où il leur sera
facile de puiser les renseignements nécessaires
aux perfectionnements qu'ils voudraient entre-
prendre, et trouver la personne nécessaire pour
les diriger. Si je suis assez heureux pour fournir
les moyens de se convaincre de ce que j'avance,
je croirai avoir aidé à la réussite d'un projet de la
plus grande utilité. Mais les colonies ont été trai-
tées avec tant d'injustice et de partialité par la
métropole , qui semble ne se servir de son au-
torité que pour appuyer les mesures qui leur
sont nuisibles , qu'il n'est pas étonnant de voir
leur méfiance pour tout ce qui vient d'elle : c'est
ce qui m'a fait penser à réunir tous les matériaux
nécessaires pour leur faire balancer leurs intérêts.

L'établissement d'une usine-modèle dirigée par un homme spécial est le moyen le plus certain d'arriver à des améliorations positives, peu coûteuses et générales. Chacun ne s'y livrant qu'après avoir reconnu aux colonies , et sur le jus de la canne, les avantages qu'elles présentent, ne les prenant que partiellement, si bon lui semble , et trouvant une personne déjà expérimentée pour diriger ces changements. D'ailleurs beaucoup de ces perfectionnements sont peu coûteux si on veut ne faire que ceux qui sont utiles et indispensables , et ne pas exiger aveuglément les luxueuses machines des mécaniciens. Cette usine-modèle serait en outre une pépinière d'ouvriers créoles utiles à la colonie, que l'on aurait sous la main, et dont l'exigence pourrait être contrebalancée par leur nombre.

Si ce mémoire montre à chaque propriétaire créole le produit qu'il peut tirer de ses cannes, il montre aussi à M. le Ministre de la marine et des colonies et à M. le Ministre du commerce 1º que, les habitants ne tirant que 58 p. 100 en vesou du poids de leurs cannes au lieu de 70 p. 100 qu'ils tireraient par une fabrication perfectionnée, la marine perd un fret et le trésor un droit qui est les 20,68 p. 100 de celui obtenu maintenant;

2º Que, les fabricants ne retirant brut que

12,11 p. 100 en sucre du poids d'un vesou à
10,°5 Baumé, au lieu de 17 p. 100 qu'on obtiendrait
d'un pareil vesou par trois cuites successives
dans une fabrication perfectionnée, il en résulte
pour les intérêts qu'ils protégent une perte dans
ce cas de 40,37 p. 100. Si nous coordonnons ensemble ces deux pertes que je viens de signaler,
l'on verra qu'elles constituent une perte totale de

$$20{,}68 + \frac{20{,}68 \times 40{,}37}{100} + 40{,}37 = 69{,}39\ \% \ ,$$

qui pèsent également sur la marine et sur le trésor , car les sirops ne sont vendus qu'aux Américains et sans payer de droits. Ces considérations
peuvent donc mériter l'attention des personnes
si capables qui dirigent ces deux départements, et
dont l'influence peut être si utile à ce genre de
progrès.

DE L'INSUFFISANCE DES USINES CENTRALES

POUR LE PROGRÈS GÉNÉRAL DE L'INDUSTRIE AUX COLONIES,

DE LA NÉCESSITÉ D'UNE USINE-MODÈLE

POUR ARRIVER D'UNE MANIÈRE PLUS PROMPTE ET PLUS GÉNÉRALE A CE BUT.

Je ne chercherai pas à discuter dans ce Mémoire les causes de prospérité ou d'insuccès des
usines centrales ; mais je désire prouver que ce
mode d'exploitation, entrant dans le domaine des

entreprises privées, a par conséquent l'inconvénient des intérêts particuliers, qui cherchent toujours à conserver un monopole; qu'en outre, il
est hors de la portée des fortunes de la généralité
des créoles, et devient par conséquent un moyen
de bénéfice dont ils pourront peu profiter.

Je suis loin de dire que les usines centrales ne
sont pas un progrès immense de fabrication;
mais j'insiste sur l'intérêt général des propriétaires des colonies, et je prétends que sous ce point
de vue elles ne remplissent nullement le but
qu'on se propose. En effet, toute entreprise particulière n'a-t-elle pas d'autant plus de chances
de bénéfice qu'elle conserve le monopole, et par
conséquent le secret de sa fabrication? Ce point
est tellement connu, que nous voyons en France
interdire l'entrée des fabriques qui croient avoir
un moyen plus avantageux et nouveau de produire; et si, malgré toutes ces précautions, l'industrie a fait en France de rapides progrès, c'est
qu'elle est à proximité des hommes de science et des
capitaux; tandis que nous, aux colonies, nous
manquons de ces ressources. Mais, sans aller si
loin chercher nos exemples, ne voyons-nous pas
depuis quelque temps aux colonies d'habiles fabricants interdire l'entrée d'une partie de leurs
usines; proscrire même l'emploi du noir animal,
dont eux seuls tirent tous les bénéfices? Ne voyons-

nous pas enfin qu'un des monteurs d'usines centrales, M. Lebaudy, gendre de M. Derosne, fabricant de machines et de chaudières à Paris, a passé un marché avec son beau-père pour qu'il ne puisse fournir d'établissement de ce genre que sur sa commande? Cette transaction n'a d'autre but pour M. Lebaudy que d'accaparer le montage de toutes ces usines et de pouvoir en même temps donner un certain relief et un écoulement assuré aux produits de son beau-père, qui seront seuls connus et les premiers fonctionnants.

Je sais que l'on m'objectera qu'il y a d'autres fabricants de machines que M. Derosne, que l'on pourra s'adresser à eux; mais, outre que l'exemple, que la vue des yeux, sont plus convaincants que les raisonnements, ceux qui s'adresseraient à d'autres n'auraient les mêmes chances de réussite qu'autant qu'ils emploieraient les mêmes moyens; qu'autant que les machines seraient accompagnées d'un mécanicien pour les monter, d'un raffineur pour les faire agir, et que ces gens auraient acquis l'expérience que ceux-là auraient déjà. Donc, si on établit une usine centrale, il y aura plus d'avantage à la faire monter par un mécanicien ayant l'expérience des colonies que par tout autre Européen. Mais il faudra payer à MM. Lebaudy et Derosne le monopole qu'ils ac-

querront de cette manière. Si ces Messieurs n'a-
gissent que comme monteurs d'appareils, et sans
entrer dans les chances de spéculation, là aussi
s'arrêtera leur mission ; le résultat de leur spéculation serait le placement de leurs machines ; et
plus ils en placeront, plus ils auront de bénéfices.
Mais le défaut de concurrence leur permettrait
de les tenir à un prix élevé ; le désir d'écouler
leurs produits leur ferait proscrire le matériel
ancien, déjà si coûteux. Est-ce donc dans la position
que la métropole a faite aux créoles que ceux-ci
trouveront les fonds nécessaires à ces coûteuses
installations ? Ce ne seront donc pas les créoles qui
pourront en profiter, mais seulement les spécula-
teurs européens. Cela y engagera bien les capitaux des métropolitains, cela nous donnera de
nouveaux partisans et de nouveaux défenseurs ;
mais l'établissement d'une usine-modèle, sans
proscrire ces avantages, qu'elle laisse à la spéculation, augmente encore l'intérêt que la marine et
le trésor peuvent retirer des colonies, comme je
le prouverai tout à l'heure.

Je reviens aux entrepreneurs d'usines centrales,
et je suppose que ces Messieurs agissent et comme
monteurs, et comme intéressés à la spéculation ;
les chances d'agrandissement se rétrécissent.
Lorsqu'ils arriveront à avoir leurs intérêts dans
plusieurs usines de ce genre, le bénéfice qu'ils

en tireront dépassera leur bénéfice de fabrication
des machines et de montage, quel que soit le prix
qu'ils y mettent ; et dès lors leur intérêt particulier est de ne pas laisser s'agrandir ce genre de
perfectionnement, dont les bénéfices seront d'autant plus certains que leur nombre serait dans certaines limites ; qu'autant que leurs produits seront
sur le marché en concurrence avec des sucres plus
inférieurs ; qu'autant enfin que la main-d'œuvre
générale leur permettra de tenir leurs prix plus
élevés.

Par ces ces considérations, j'espère avoir prouvé 1° que, pour que les usines centrales réussis-
sent, il faut qu'elles soient dirigées par un homme
ayant déjà l'habitude d'agir aux colonies ; 2° que
ce système d'exploitation n'est pas à la portée des
fortunes coloniales ; 3° qu'il ne peut y avoir progrès général, puisqu'il serait contraire au bénéfice particulier ; 4° que le prix de vente ne peut
diminuer, puisque la main-d'œuvre en général
n'a pas changé, et que par conséquent nous som-
mes également menacés par la concurrence des
sucres de betterave et des sucres étrangers;
5° qu'enfin les usines centrales, dans le cas le
plus favorable au progrès, ne seront montées que
par des mécaniciens et des chaudronniers qui
cherchent à écouler leurs produits aux dépens de
l'ancien matériel.

Après avoir pesé ces considérations, qui me pa-
raissent justes, et avoir mis ainsi chacun en état
de les discuter, je dois maintenant rechercher les
causes qui jusqu'à présent se sont opposées aux
progrès aux colonies, et je les trouverais en comparant la manière dont on procède en Europe
avec celle suivie jusqu'à présent aux colonies.
Quand on veut en France créer ou modifier une
industrie, on s'adresse d'abord aux gens de
science, qui indiquent les principes généraux de
la fabrication, et des machines à y adapter. Ils
opèrent sur la substance elle-même dans l'état où
elle doit être prise pour être travaillée; ils la
suivent dans toutes les phases de sa métamor-
phose, et arrivent ainsi à des principes immuables
et certains. Vient alors le rôle des ingénieurs, qui
indiquent les moyens plus ou moins manufactu-
riers de mettre ces principes en pratique; là se
trouvent de nouvelles dispositions, variant suivant les localités, suivant l'intelligence de ceux
qui cherchent à les mettre en pratique : de là les
différents systèmes pour une même fabrication,
basés sur les mêmes principes. Vient ensuite le
fabricant de machines : celui-ci exécute le plan
de l'ingénieur, met plus ou moins d'exactitude
dans leur confection, plus ou moins de régularité dans les ajustements et le montage; de là
naît la nécessité de la surveillance de l'ingénieur.
Enfin vient le fabricant, qui, mis au courant de

ses appareils par l'ingénieur et le mécanicien, finit par les manœuvrer comme un vrai moteur lui-même, et s'adresse, pour les perfectionnements que lui indique son intelligence, à l'ingénieur, pour savoir s'ils sont d'accord avec les principes fixes de la science, et la disposition et les ressources de sa localité. Cette division du travail rend chacun plus apte et plus consommé dans ce qu'il doit faire; et, en procédant de la sorte, les résultats peuvent en être calculés d'avance.

Comment procède-t-on aux colonies? Les analyses des substances que l'on a à travailler sont faites sur la substance déjà altérée. En effet, peut-on considérer du vesou conservé par le procédé d'Appert comme du vesou qui vient d'être extrait de la canne? Ce vesou conservé n'a-t-il pas déjà perdu, par la forte température à laquelle il a été soumis, une partie ou même la totalité de ses principes fermentescibles? Tout le monde est d'accord à ce sujet. Puis ce même vesou, travaillé après avoir subi une filtration à travers un filtre en papier, n'a-t-il pas laissé un dépôt sur ce filtre, et n'est-ce pas dégagé de ces matières qu'il a été traité? Ainsi donc la matière analysée n'est pas celle qu'on recueille dans la fabrication au sortir du moulin, et les principes qu'on nous indique, quelque justes qu'ils puissent être sur le jus analysé, ne peuvent être également applicables au jus sortant du moulin, à moins de lui faire subir les préparations que le premier a éprouvées. Pour les mêmes raisons, la canne desséchée envoyée en France ne peut être considérée comme la canne fraîche venant d'être coupée aux colonies. Il ne faut donc pas regarder comme un entêtement ridicule, ainsi quon se plaît à le dire, la persévérance des créoles dans leur ancienne et défectueuse manière de fabriquer, car ces raisonnements ont quelque justesse ; et je suis persuadé que, si on leur donnait à travailler ou du vesou conservé par le procédé d'Appert ou des cannes desséchées, ils ne chercheraient pas d'autres moyens d'opérer que ceux qui leur sont indiqués pour ces substances par nos savants métropolitains.

La partie analytique du jus que nous traitons n'a donc pas pu être faite jusqu'à présent avec l'exactitude désirable, et les principes de notre fabrication sont restés dans le vague. Mais suivons les perfectionnements introduits successivement aux colonies, et nous trouverons encore dans le montage des appareils, dans la manière dont ils ont été appropriés, une cause générale d'insuccès que le hasard seul a fait quelquefois réussir.

Un instrument nouveau est une machine plus

ou moins ingénieuse, réunissant ou ayant séparément l'avantage d'être moins cher d'installation et d'une main-d'œuvre plus simple que celle qu'elle remplace. Mais jusqu'à ce que des principes nouveaux de fabrication aient été posés, il faut qu'elle réunisse les principes de la machine précédente, et pour la plupart des créoles ces principes, avons-nous dit, sont dans le vague; leur choix demeure donc dans le vague aussi, et ils sont sans ingénieurs connaissant la matière qu'ils travaillent, le chauffage dont ils se servent, la localité qu'ils occupent, pour pouvoir les diriger dans le choix comme dans le montage des appareils : ils n'ont pour les aider que les mécaniciens, qui peuvent être des ouvriers très habiles, mais qui manquent des connaissances indispensables pour pouvoir diriger ces travaux, et les modifier suivant les circonstances; qui agissent dans leurs intérêts personnels en faisant proscrire les anciennes machines pour en établir de nouvelles. Précisant davantage les faits, je dirai que, pourvu que le moteur soit assez puissant, quelle quesoit sa nature, le moulin placé dans les mêmes circonstances rendra le même effet. Mais qui peut aux colonies juger de la puissance du moteur, et quel est le mécanicien auquel on poserait cette question qui ne répondra pas que le cours d'eau, par exemple, est trop faible; qu'il faut remplacer ce moteur par de la vapeur, et changer et le système du moteur et celui du moulin, pour pouvoir écouler ses produits et sa main-d'œuvre, sans que pour cela il y ait économie pour le propriétaire, c'est-à-dire dépense compensée et même justifiée par les résultats ?

Les perfectionnements introduits successivement n'ont pas pu produire les mêmes résultats. Les moulins à vapeur établis dans les usines qui avaient un grand développement de fabrication et un moteur peu puissant ont été une dépense indispensable et avantageuse. Ceux au contraire établis dans une usine dont la fabrication était de peu d'importance, et où le moteur pouvait suffire par de bonnes dispositions, sont devenus une dépense non seulement inutile, mais nuisible.

Les chaudières à bascule, les poirsonnières, etc., et autres appareils de cuite, ont donné suivant les localités, et même, dans certaines localités, suivant les saisons, l'influence des vents (qui par leur intensité et leur direction nuisent au tirage en agissant au haut de la cheminée, ou bien le rendent trop actif en agissant dans la direction du cendrier), des résultats bien différents, et dont on ne pouvait se rendre compte. Ils avaient été montés par la même personne, fournis par les mêmes ouvriers, etc., et les résultats étaient différents. Cela tenait donc ou au raffineur, ou à la disposition des foyers, ou à la nature du jus qu'on traitait. C'était là la question pour laquelle le mécanicien devenait incompétent, et que l'homme instruit de ces choses seul pouvait résoudre. Aussi voyait-on toucher à chacune de ces parties successivement, sans s'adresser à celle qui périclitait. Voyait-on souvent le résultat d'une première réparation être encore plus désavantageux qu'auparavant, parce que les principes de construction des fourneaux, comme ceux de la composition du jus, sont entièrement inconnus. Ces mêmes appareils réussissaient en France parfaitement, il n'y avait donc pas moyen de rechercher ailleurs qu'où je l'indique la cause de leur mauvais effet ; la machine en elle-même était donc bonne, et ce n'était que sur les lieux que l'on pouvait reconnaître la cause du mal pour y remédier.

Je pense avoir ainsi développé les causes qui ont pu faire varier d'une manière aussi irrégulière les résultats des innovations aux colonies, et arriver à trouver le moyen le plus économique et le plus rationnel d'obvier à cet inconvénient: car, il ne faut pas en douter, la fabrication aux colonies est dans l'enfance de l'art ; mais quel est le moyen le plus prompt et le plus efficace de la tirer de cet état de choses? Aucun ne me semble réunir tous ces avantages à un point aussi complet, aussi exécutable, que la création d'une usine-modèle dirigée par un homme instruit dans toutes les branches de l'industrie coloniale.

En effet, une usine-modèle ne s'oppose en aucune façon à la création des usines centrales actuelles; seulement, en mettant les principes de la fabrication à la portée de tout le monde, elle augmente cette division du travail; elle détruit le monopole de ces dernières, et aide à la diminution de frais d'installation comme de main-d'œuvre. Elle laisse donc aux usines centrales les bénéfices qu'elles peuvent produire pour la marine et le trésor; et sous ce rapport elle augmente même les liens de la métropole à ses colonies en facilitant les améliorations successives que chacun peut mettre en pratique, qui augmentent ainsi d'une manière illimitée le fret et les recettes du trésor, et reculent également l'application du système ruineux d'une philanthropie aveugle, qui détruirait ces ressources, qu'on tiendrait d'autant plus à conserver qu'elles sont plus importantes et qu'elles seraient plus difficiles à remplacer.

En conservant les usines centrales, en aidant même à leur création et à leur augmentation, l'usine-modèle n'offrirait aucun des inconvénients que j'ai signalés pour les usines centrales. Ce serait une école où chacun pourrait puiser les renseignements et les exemples nécessaires à l'industrie du fabricant de sucre. Ce serait une pépinière de mécaniciens, de chaudronniers, de raffineurs, de chauffeurs ; ce serait un centre où l'on pourrait consulter et choisir la partie de l'industrie applicable à sa localité avec le moins de frais et le plus d'avantages. Le directeur de cet établissement, n'étant pas choisi parmi des fabricants de machines, pourrait faire naître entre ces derniers l'émulation qui suit la concurrence, ainsi que la diminution du prix.

L'on ne serait pas obligé de changer tout d'un coup le système de fabrication ; d'abandonner un matériel cher, et qui peut être encore utilement employé. Le but de celui qui dirigerait cette entreprise devrait être de rechercher les principes fixes qui sont la base de la fabrication ; de rendre généraux des principes peu connus et qu'on garde encore secrets pour en tirer un plus grand avantage personnel, d'adapter avec quelques modifications à la nouvelle fabrication toutes les parties du matériel actuel qui peuvent être utilement employées. Chaque changement pourrait être successif, et opéré à l'aide du bénéfice donné par le changement précédent. La position financière de chaque créole lui permettrait de participer à ces améliorations successives, qui pourraient être commencées sans une avance de fonds considérable, et dont il retirerait un profit immédiat.

L'économie de matériel serait donc déjà un avantage immense auquel viendrait s'ajouter la suppression d'un personnel ruineux. En outre, le travail manufacturier serait peu changé, et seulement suivant la volonté du propriétaire, lorsque ses ouvriers connaîtraient convenablement le travail précédent, et pourraient même le diriger.

Le nouveau matériel ou plutôt l'ancien matériel modifié pourrait être facilement et à peu de frais réparé dans la colonie, au lieu de ces luxueuses machines qui ne peuvent se réparer qu'à grands frais, et même quelquefois seulement en France, qui changent tout d'un coup toutes les parties de la fabrication, de l'ensemble desquelles on a fait une nécessité, parce que le bénéfice des mécaniciens est sur la fourniture, et par conséquent d'autant plus lucratif qu'elle est plus considérable. Ils ne veulent pas diviser les améliorations, parce que, ne connaissant qu'imparfaitement en général la matière sur laquelle ils opèrent, ils craignent que le peu de succès d'un premier changement mal dirigé n'entraîne dans un système stationnaire contraire à leurs intérêts privés.

Je crois avoir à présent énuméré les avantages qui résulteraient de l'établissement d'une usine-modèle, et qui peuvent ainsi se résumer : 1° Elles ne détruisent en rien les avantages que les spéculations particulières apportent à l'intérêt général ;

2° elles augmentent les produits, et par conséquent les liens de la métropole avec ses colonies ; 3° elles mettent les améliorations à la portée de tout le monde ; 4° elle fait baisser le prix du matériel et la main-d'œuvre en augmentant les produits ; elle combat plus victorieusement la concurrence que leur font le sucre de betterave et les sucres étrangers. Mais si l'on ne veut retomber dans les inconvénients que j'ai signalés pour les changements déjà entrepris, il faut que les premières améliorations à faire ne soient entreprises qu'après avoir été sur les lieux pour juger de leur opportunité, car, je le répète, la question de localité est des plus importantes.

Comme toutes les entreprises, celle-ci a son objection : c'est celle que l'on oppose à tous les établissements-modèles. Le directeur d'un semblable établissement, n'étant mû que par l'intérêt général, y apportera moins de zèle que lorsque ce sera l'intérêt particulier qui le guidera ; et si, pour l'intéresser davantage, on le fait participer aux bénéfices de l'usine d'une manière proportionnelle à son produit net, il ne fera pas les expériences indispensables pour mener au progrès, car ces expériences entraînent quelquefois dans des dépenses considérables ; et, si nécessaires qu'elles soient à un établissement de ce genre, une entreprise particulière ne les ferait pas, parce que le bénéfice ne s'en fait sentir qu'au bout d'un assez long temps. C'est là une question qui exige que l'on considère la moralité de la personne à employer. Mais il me semble qu'en s'adressant à un créole ayant les qualités requises, ce serait s'adresser à une personne dont l'intérêt particulier serait lié à l'intérêt général. Il est vrai qu'en agissant ainsi, ce créole se retire le bénéfice du monopole d'une entreprise particulière; mais il pourrait en être dédommagé par une subvention raisonnable. Cette subvention ne porterait pas par le fait sur le revenu actuel, et serait largement dépassée par l'augmentation de produits qui résulterait de cet établissement. Quant au dernier argument, on pourrait le combattre facilement en désintéressant le directeur d'une manière proportionnelle dans le rendement brut.

D'ailleurs, vivons-nous donc dans un siècle où il ne se trouve plus de cœurs sensibles à la gloire, et n'en serait-ce pas une bien grande que d'attacher son nom à une entreprise d'une utilité aussi générale, que d'être l'organe de la volonté d'une île comme la Martinique, qui aurait compris les avantages d'un pareil système, et qui la première des Antilles serait entrée dans cette voie de progrès, où certainement elle serait bientôt suivie !

FIN.

TABLE DES MATIÈRES·